工业互联网技术专业"十三五"规划教材
产教融合系列教程
应用型人才终身学习计划

ENCI 耕致智能　　EduBot 哈工海渡教育集团　　JZ 技皆知

工业互联网网关技术应用初级教程
（西门子）

总主编　张明文
主　编　王璐欢　高文婷
副主编　黄建华　顾三鸿　何定阳

"六六六"教学法
◆ 六个典型项目
◆ 六个鲜明主题
◆ 六个关键步骤

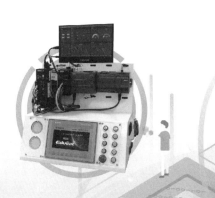

www.jijiezhi.com
教学视频+电子课件+技术交流

哈尔滨工业大学出版社
HARBIN INSTITUTE OF TECHNOLOGY PRESS

内 容 简 介

本书主要介绍工业互联网技术和基于工业互联网智能产教应用系统的知识及应用,分为理论基础和项目应用两部分。第一部分全面地介绍工业互联网的基础知识,围绕工业互联网的发展历程、定义特点、技术体系及平台架构等方面进行讲解,然后针对工业智能网关产教应用系统,着重介绍其功能特色、应用方法、网关编程等内容。第二部分基于工业互联网智能网关产教应用系统,介绍基于智能网关实现PLC、伺服系统、智能仪表等常见工业仪器设备的数据采集和可视化项目,项目中部分现场数据与工业云平台对接,并通过其实施控制。

本书可作为高职高专工业互联网、机电一体化、电气自动化及机器人技术等相关专业的教材,也可供从事相关行业的技术人员参考使用。

图书在版编目(CIP)数据

工业互联网智能网关技术应用初级教程:西门子 / 王璐欢,高文婷主编. —哈尔滨:哈尔滨工业大学出版社,2020.7

产教融合系列教程 / 张明文总主编

ISBN 978-7-5603-8952-3

Ⅰ.①工… Ⅱ.①王… ②高… Ⅲ.①互联网络—应用—工业发展—高等职业教材—教材 Ⅳ.①F403-39

中国版本图书馆 CIP 数据核字(2020)第 135200 号

策划编辑	王桂芝　张　荣
责任编辑	张　荣　陈雪巍
出版发行	哈尔滨工业大学出版社
社　　址	哈尔滨市南岗区复华四道街 10 号 邮编 150006
传　　真	0451-86414749
网　　址	http://hitpress.hit.edu.cn
印　　刷	哈尔滨博奇印刷有限公司
开　　本	787mm×1092mm　1/16　印张 16.75　字数 400 千字
版　　次	2020 年 7 月第 1 版　2020 年 7 月第 1 次印刷
书　　号	ISBN 978-7-5603-8952-3
定　　价	48.00 元

(如因印装质量问题影响阅读,我社负责调换)

编审委员会

主　　任　张明文

副 主 任　王璐欢　黄建华

委　　员　（按姓氏首字母排序）

　　　　　董　璐　高文婷　顾三鸿　何定阳
　　　　　华成宇　李金鑫　李　闻　刘华北
　　　　　宁　金　潘士叔　滕　武　王　伟
　　　　　王　艳　夏秋霰　学　会　杨浩成
　　　　　殷召宝　尹　政　喻　杰　张盼盼
　　　　　章　平　郑宇琛　周明明

前　言

工业互联网是互联网和新一代信息技术与工业系统全方位深度融合所形成的产业和应用生态，是工业智能化发展的关键综合信息基础设施。当前，新一轮科技革命和产业变革蓬勃兴起，工业经济数字化、网络化、智能化发展成为第四次工业革命的核心内容。工业互联网作为数字化转型的关键支撑力量，正在全球范围内不断颠覆传统制造模式、生产组织方式和产业形态，推动传统产业加快转型升级、新兴产业加速发展壮大。

工业互联网智能网关作为连接现场设备和工业网络的重要桥梁，主要完成对工业现场种类繁杂的仪器、设备的数据采集，实现各类工业设备的数据化、信息化，为构建工业互联网提供底层支撑。

在工业互联网与制造业融合的关键阶段，越来越多企业将面临"设备易得、人才难求"的尴尬局面，所以，要实现"互联网+先进制造业"，人才培育要先行。2017 年 11 月国务院发布的《深化"互联网+先进制造业"发展工业互联网的指导意见》指出："协同发挥高校、企业、科研机构、产业集聚区等各方面作用，大力培养工业互联网技术人才和应用创新型人才。"针对这一现状，为了更好地推广工业互联网，培养既熟悉工业 OT 层设备应用又掌握 IT 层技术的复合型人才，亟需编写一本系统全面的工业互联网与智能网关技术的入门教材。

本书的主要内容分为两个部分：基础理论部分和项目应用部分。第一部分全面地介绍了工业互联网的基础知识，围绕工业互联网的发展历程、定义特点、技术体系以及平台架构等方面进行了讲解，然后针对工业智能网关产教应用系统，着重介绍了其功能特色、应用方法、网关编程等内容。第二部分基于工业互联网智能网产教应用系统，介绍了基于智能网关实现 PLC、伺服系统、智能仪表等常见工业仪器设备的数据采集和可视化项目，项目中部分现场数据与工业云平台进行对接，并通过其实施控制。

本书依据工业互联网智能网关初级入门的学习要求科学设置知识点，倡导知识点实用性、系统性。本书采用项目式教学，有助于激发学习兴趣，提高教学效率，便于读者在短时间内全面、系统地了解工业互联网智能网关的基本知识和应用技术。

本书图文并茂，通俗易懂，实用性强，既可作为高职高专工业互联网、机电一体化、电气自动化及机器人技术等相关专业的教材，也可供从事相关行业的技术人员参考使用。为了提高教学效果，在教学方法上，建议采用启发式教学、开放性学习，重视小组讨论；在学习过程中，建议结合本书配套的教学辅助资源，如教学课件及视频素材、教学参考与拓展资料等。

限于编者水平，书中难免存在疏漏及不足之处，敬请读者批评指正。任何意见和建议可反馈至 E-mail:edubot_zhang@126.com。

编 者

2020 年 4 月

目 录

第一部分 基础理论

第1章 工业互联网概况 ··· 1
- 1.1 工业互联网产业概况 ·· 1
- 1.2 工业互联网发展概况 ·· 2
  - 1.2.1 工业互联网发展历程 ·· 2
  - 1.2.2 我国工业互联网发展现状 ·· 6
  - 1.2.3 工业互联网发展趋势 ·· 8
- 1.3 工业互联网技术基础 ·· 9
  - 1.3.1 工业互联网组成 ·· 9
  - 1.3.2 工业互联网分类 ·· 10
- 1.4 工业互联网应用 ·· 13
  - 1.4.1 生产过程优化 ·· 13
  - 1.4.2 管理决策优化 ·· 15
  - 1.4.3 资源配置优化 ·· 16
  - 1.4.4 产品全生命周期优化 ·· 17
- 1.5 工业互联网人才培养 ·· 18
  - 1.5.1 人才分类 ·· 18
  - 1.5.2 工业互联网产业人才现状 ·· 19
  - 1.5.3 工业互联网产业人才职业规划 ···································· 20
  - 1.5.4 产教融合学习方法 ·· 20

第2章 智能网关产教应用系统 ·· 22
- 2.1 网智能网关简介 ·· 22
  - 2.1.1 智能网关介绍 ·· 22
  - 2.1.2 智能网关基本组成 ·· 23
  - 2.1.3 主要技术参数 ·· 24

2.2 产教应用系统简介 25
2.2.1 产教应用系统简介 25
2.2.2 产教应用系统基本组成 25
2.2.3 产教典型行业应用 26
2.3 关联硬件应用基础 28
2.3.1 PLC 应用基础 28
2.3.2 人机界面应用基础 30
2.3.3 伺服电机应用基础 32
2.3.4 智能仪表应用基础 37

第3章 智能网关编程基础 43
3.1 Node-RED 软件简介及安装 43
3.1.1 Node-RED 软件介绍 43
3.1.2 Node-RED 软件安装 44
3.2 软件功能简介 52
3.2.1 控件区 52
3.2.2 工作区 53
3.2.3 工具栏 54
3.2.4 调试信息区 56
3.3 编程语言 56
3.3.1 语言介绍 56
3.3.2 基本概念 56
3.3.3 编程调试 57
3.4 功能节点使用 60
3.4.1 inject 节点 60
3.4.2 debug 节点 68
3.4.3 节点应用总结 70

第二部分 项目应用

第4章 基于智能网关的基础编程项目 71
4.1 项目目的 71
4.1.1 项目背景 71
4.1.2 项目目的 71

4.1.3 项目内容 …………………………………………………………………………72
4.2 项目分析 ……………………………………………………………………………………72
4.2.1 项目构架 …………………………………………………………………………72
4.2.2 项目流程 …………………………………………………………………………72
4.3 项目要点 ……………………………………………………………………………………73
4.3.1 function 节点 ……………………………………………………………………73
4.3.2 switch 节点 ………………………………………………………………………76
4.3.3 random 节点 ………………………………………………………………………81
4.4 项目步骤 ……………………………………………………………………………………83
4.4.1 应用系统连接 ……………………………………………………………………83
4.4.2 应用系统配置 ……………………………………………………………………84
4.4.3 主体程序设计 ……………………………………………………………………84
4.4.4 关联程序设计 ……………………………………………………………………86
4.4.5 项目程序调试 ……………………………………………………………………87
4.4.6 项目总体运行 ……………………………………………………………………88
4.5 项目验证 ……………………………………………………………………………………88
4.5.1 效果验证 …………………………………………………………………………88
4.5.2 数据验证 …………………………………………………………………………88
4.6 项目总结 ……………………………………………………………………………………90
4.6.1 项目评价 …………………………………………………………………………90
4.6.2 项目拓展 …………………………………………………………………………91

第 5 章 基于智能网关的可视化编程项目 …………………………………………………92

5.1 项目目的 ……………………………………………………………………………………92
5.1.1 项目背景 …………………………………………………………………………92
5.1.2 项目目的 …………………………………………………………………………92
5.1.3 项目内容 …………………………………………………………………………92
5.2 项目分析 ……………………………………………………………………………………93
5.2.1 项目构架 …………………………………………………………………………93
5.2.2 项目流程 …………………………………………………………………………93
5.3 项目要点 ……………………………………………………………………………………93
5.3.1 dashboard 功能介绍 ……………………………………………………………93
5.3.2 dashboard 节点安装 ……………………………………………………………95
5.3.3 dashboard 节点布局 ……………………………………………………………97
5.3.4 dashboard 节点应用 ……………………………………………………………103

5.4 项目步骤 121
　　5.4.1 应用系统连接 121
　　5.4.2 应用系统配置 121
　　5.4.3 主体程序设计 121
　　5.4.4 关联程序设计 125
　　5.4.5 项目程序调试 125
　　5.4.6 项目总体运行 129
5.5 项目验证 130
　　5.5.1 效果验证 130
　　5.5.2 数据验证 130
5.6 项目总结 132
　　5.6.1 项目评价 132
　　5.6.2 项目拓展 132

第6章　智能网关与 PLC 的数据交互项目 134

6.1 项目目的 134
　　6.1.1 项目背景 134
　　6.1.2 项目目的 134
　　6.1.3 项目内容 134
6.2 项目分析 134
　　6.2.1 项目构架 134
　　6.2.2 项目流程 135
6.3 项目要点 136
　　6.3.1 PLC 系统构建 136
　　6.3.2 S7 通信功能节点 136
6.4 项目步骤 143
　　6.4.1 应用系统连接 143
　　6.4.2 应用系统配置 144
　　6.4.3 主体程序设计 149
　　6.4.4 关联程序设计 156
　　6.4.5 项目程序调试 172
　　6.4.6 项目总体运行 175
6.5 项目验证 175
　　6.5.1 效果验证 175
　　6.5.2 数据验证 175

6.6 项目总结···176
　　6.6.1 项目评价···176
　　6.6.2 项目拓展···177

第7章　智能网关与伺服系统的数据交互项目·······································178

7.1 项目目的···178
　　7.1.1 项目背景···178
　　7.1.2 项目目的···178
　　7.1.3 项目内容···178
7.2 项目分析···179
　　7.2.1 项目构架···179
　　7.2.2 项目流程···179
7.3 项目要点···180
　　7.3.1 西门子伺服系统选择···180
　　7.3.2 实时运动控制系统构建··180
7.4 项目步骤···187
　　7.4.1 应用系统连接··187
　　7.4.2 应用系统配置··188
　　7.4.3 主体程序设计··190
　　7.4.4 关联程序设计··195
　　7.4.5 项目程序调试··198
　　7.4.6 项目总体运行··204
7.5 项目验证···204
　　7.5.1 效果验证···204
　　7.5.2 数据验证···204
7.6 项目总结···206
　　7.6.1 项目评价···206
　　7.6.2 项目拓展···206

第8章　智能网关与智能仪表的数据交互项目·······································207

8.1 项目目的···207
　　8.1.1 项目背景···207
　　8.1.2 项目目的···207
　　8.1.3 项目内容···207

8.2 项目分析 208
    8.2.1 项目构架 208
    8.2.2 项目流程 208
8.3 项目要点 209
    8.3.1 智能仪表 209
    8.3.2 Modbus RTU 通信协议 209
    8.3.3 Node-RED 中的 Modbus RTU 通信节点 210
8.4 项目步骤 212
    8.4.1 应用系统连接 212
    8.4.2 应用系统配置 212
    8.4.3 主体程序设计 217
    8.4.4 关联程序设计 220
    8.4.5 项目程序调试 224
    8.4.6 项目总体运行 226
8.5 项目验证 226
    8.5.1 效果验证 226
    8.5.2 数据验证 227
8.6 项目总结 228
    8.6.1 项目评价 228
    8.6.2 项目拓展 228

第9章 智能网关与云平台的数据交互项目 229

9.1 项目目的 229
    9.1.1 项目背景 229
    9.1.2 项目目的 229
    9.1.3 项目内容 229
9.2 项目分析 230
    9.2.1 项目构架 230
    9.2.2 项目流程 230
9.3 项目要点 231
    9.3.1 云技术基础 231
    9.3.2 MQTT 通信协议 232
9.4 项目步骤 233
    9.4.1 应用系统连接 233
    9.4.2 应用系统配置 234

9.4.3 主体程序设计 ………………………………………………………… 245
9.4.4 关联程序设计 ………………………………………………………… 248
9.4.5 项目程序调试 ………………………………………………………… 249
9.4.6 项目总体运行 ………………………………………………………… 250
9.5 项目验证 …………………………………………………………………… 250
9.5.1 效果验证 ……………………………………………………………… 250
9.5.2 数据验证 ……………………………………………………………… 251
9.6 项目总结 …………………………………………………………………… 251
9.6.1 项目评价 ……………………………………………………………… 251
9.6.2 项目拓展 ……………………………………………………………… 251

参考文献 ………………………………………………………………………… 252

第一部分 基础理论

第1章 工业互联网概况

1.1 工业互联网产业概况

当前，新一轮科技革命和产业变革蓬勃兴起，工业经济数字化、网络化、智能化发展成为第四次工业革命的核心内容。工业互联网作为数字化转型的关键支撑力量，正在全球范围内不断颠覆传统制造模式、生产组织方式和产业形态，推动传统产业加快转型升级、新兴产业加速发展壮大。

※ 工业互联网产业概况

工业互联网作为"中国制造 2025"的重要组成部分，以推动信息技术与制造技术融合为重点，强调互联网技术在未来工业体系中的应用。"中国制造 2025"对工业互联网这一重要基础进行了具体规划：加强工业互联网基础设施建设，建设低时延、高可靠、广覆盖的工业互联网，以提升企业宽带接入信息网络的能力；在此基础上针对企业需求，组织开发智能控制系统、工业应用及故障诊断软件、传感系统和通信协议；最终实现人、设备与产品的实时联通、精确识别、有效交互与智能控制。

2015 年我国首次提出"互联网+"计划，推动互联网、大数据、物联网与云计算和现代制造业的结合，以建设制造业与互联网融合"双创"平台为抓手，培育全新商业模式和业态，充分释放"互联网+"的力量，发展新经济，实现从工业大国向工业强国的迈进。

作为制造业高端化、智能化发展的有力推动，重塑工业体系的关键因素，工业互联网是"互联网+制造"的具体体现，是我国迈向工业 4.0 的必经之路。

1.2 工业互联网发展概况

1.2.1 工业互联网发展历程

为了确保在未来新一轮工业发展浪潮中抢占先机,美国、德国、日本等主要工业强国纷纷布局工业互联网,以维持在国际制造业竞争中的优势地位。美国由顶尖企业引领,提出工业互联网的概念;德国依靠自身装备制造领域的深厚积累,提出"工业4.0"对标美国工业互联网;日本基于自身社会现实,实施"互联工业"战略,建设符合日本实际的工业互联网体系。

1. 美国

20世纪80年代以来,随着经济全球化、国际产业转移及虚拟经济不断深化,美国产业结构发生了深刻的变化,制造业日益衰退,"去工业化"趋势明显,虽然美国制造业增加值逐年提高,但制造业增加值占国内生产总值的比重却在逐年下降。

2008年金融危机后,美国意识到了发展实体经济的重要性,提出了"再工业化"的口号,主张发展制造业,减少对金融业的依赖。美国工业互联网的提出背景如图1.1所示。

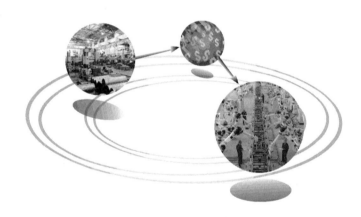

图1.1 美国工业互联网的提出背景

2012年,"工业互联网"的概念由美国通用电气公司首先提出,目标是通过智能机器之间的全面互联达成设备与设备之间的数据连通,让机器、设备和网络能在更深层次与信息世界的大数据和分析连接在一起,最终实现通信、控制和计算的集合。在实现手段上,美国工业互联网概念注重软件、网络、数据等信息对企业经营与顶层设计的增强。

2014年,美国制造业龙头企业和政府机构牵头成立工业互联网联盟(Industrial Internet Consortium,IIC),合力进行工业互联网的推广以及标准化工作。工业互联网联盟开发了9种旨在展示工业互联网应用的"Testbed"测试平台以推广工业互联网应用,给各企业提供测试工业互联网技术的有效工具。工业互联网联盟同时开发了工业互联网参考架构模型（Industrial Internet Reference Architecture，IIRA）和标准词库（Industrial Internet Vocabulary），为标准化的发展奠定了基础。

2019 年 6 月，美国工业互联网联盟公布了工业互联网参考架构 IIR A1.9，进一步完善了工业互联网标准化体系建设，如图 1.2 所示。该参考架构对工业互联网关键属性和跨行业共性的架构问题与系统特征进行分析，并将分析结果通过模型等方式表达出来，因此该架构能广泛地适用于各个行业。

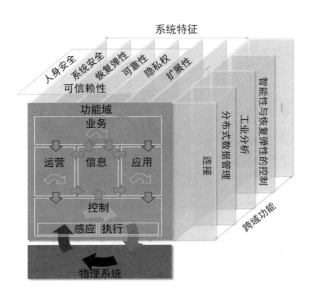

图 1.2　美国工业互联网参考架构

2. 德国

德国是装备制造业最具竞争力的国家之一，长期专注于复杂工业流程的管理和创新，其在信息技术方面也有极强的竞争力，在嵌入式系统和自动化工程方面处于世界领先地位。为了稳固其工业强国的地位，德国对本国工业产业链进行了反思与探索，工业 4.0 构想由此产生。德国工业 4.0 和美国工业互联网虽然在名称上不同，但在本质上两者具有一致性，强调的都是加强企业信息化、智能化和一体化的建设。

工业 4.0 提出基于信息物理系统（Cyber-Physical Systems，CPS）实现工厂智能化生产，让工厂直接与消费需求对接。

CPS 是一个综合了计算、通信、控制技术的多维复杂系统，如图 1.3 所示。CPS 将物理设备连接到互联网上，让物理设备具有计算、通信、精确控制、远程协调和自治五大功能，从而实现虚拟网络世界与现实物理世界的融合。CPS 可将资源、信息、物体以及人紧密联系在一起，如图 1.4 所示。

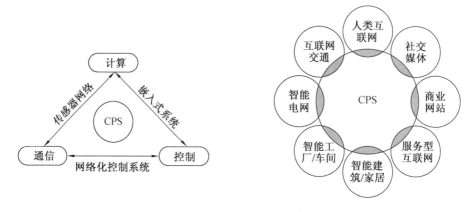

图 1.3　信息物理系统组成　　　　　图 1.4　信息物理系统网络

在智能工厂中，CPS 将现实世界以网络连接，采集分析设计、开发、生产过程中的数据，构成自律的、动态的智能生产系统，工业 4.0 的概念内涵如图 1.5 所示。在 CPS 中，每个工作站（工业机器人、机床等）都能够在网络上实时互联，根据信息自主切换最佳的生产方式，最大限度地杜绝浪费。

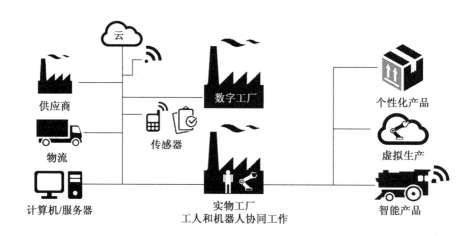

图 1.5　工业 4.0 的概念内涵

工业 4.0 将无处不在的传感器、嵌入式终端系统、智能控制系统、通信设施通过 CPS 形成智能网络，使人与人、人与机器、机器与机器以及服务与服务之间能够互联，从而实现纵向集成、数字化集成和横向集成。

2013 年 4 月，德国机械及制造商协会，德国信息技术、通讯与新媒体协会，德国电子电气制造商协会等行业协会合作设立了"工业 4.0 平台"，作为德国工业互联战略的合作组织。该平台向德国政府提交了平台工作组的最终报告——《保障德国制造业的未来——

关于实施工业 4.0 战略的建议》，明确了德国在向工业 4.0 进化的过程中要采取双重策略，即成为智能制造技术的主要供应商和 CPS 的领先市场。

2015 年，在德国工业 4.0 平台的努力下，德国正式提出了工业 4.0 的参考架构模型（Reference Architectural Model Industries 4.0，RAMI4.0），如图 1.6 所示。

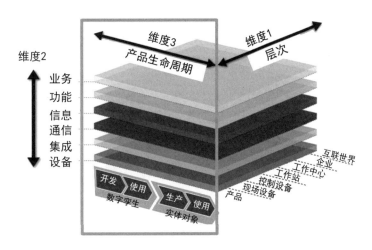

图 1.6　工业 4.0 参考架构模型（RAMI4.0）

RAMI4.0 模型由三个维度组成：

（1）第一个维度由个体工厂拓展至"互联世界"，体现了工业 4.0 针对产品服务和企业协同的要求。

（2）第二个维度描述了 CPS 的层级，以及各层级的功能。

（3）第三个维度从产品生命周期视角出发，描述了以零部件、机器和工厂为典型代表的工业生产要素从数字孪生到实体对象的全过程。强调了各类工业生产要素都要有虚拟和实体两个部分，体现了全要素数字孪生的特征。

3. 日本

为了应对制造业面临的各种竞争压力，如老龄化问题、国际竞争加剧等，日本于 2017 年 3 月份在德国汉诺威通信展会正式提出"互联工业"（Connected Industries）的概念。

作为日本国家战略层面的产业愿景，互联工业强调"通过各种关联，创造新的附加值的产业社会"，包括物与物的连接、人和设备及系统之间的协同、人和技术相互关联、已有经验和知识的传承，以及生产者和消费者之间的关联。在整个数字化进程中，需要充分发挥日本优势，构筑一个以解决问题为导向、以人为本的新型产业社会。

与美国工业互联网、德国工业 4.0 更关注企业内部的互联与智能化不同，日本互联工业另辟蹊径，关注企业之间的互联、互通，从而提升全行业的生产效率。

日本于 2016 年 12 月发布了自身的互联工业参考架构——工业价值链参考架构（Industrial Value Chain Reference Architecture，简称 IVRA）。IVRA 将智能制造单元作为互联工业微观层面的基本单元，如图 1.7 所示，多个智能制造单元按管理、活动、资产三个维度组合，形成通用功能模块，企业根据自身需要使用通用模块以达成企业所需的实际功能。IVRA 使用"宽松定义标准"，首先改进现有系统，而非完全创立一个全新的复杂互联体系，避免了企业大幅度更改生产方式带来的运营风险。

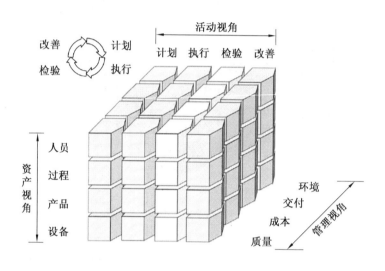

图 1.7 工业价值链参考架构（IVRA）的智能制造单元

智能制造单元包含管理、活动、资产三个维度：

（1）资产视角向生产组织展示该智能制造单元的资产或财产，包括人员、过程、产品和设备四种类型，这与 RAMI4.0 模型中的资产基本一致。

（2）活动视角涉及该智能制造单元的人员和设备所执行的各种活动，包括"计划、执行、检验、改善"的不断循环。

（3）管理视角说明该智能制造单元实施的目的，并指出管理要素"质量、成本、交付、环境"之间的关系。

1.2.2 我国工业互联网发展现状

2015 年 5 月，国务院出台的"中国制造 2025"计划正式拉开了我国工业互联网发展的序幕，确立了我国由制造大国转为制造强国的发展目标。

1. 工业互联网相关政策

自 2015 年以来，我国政府为推动工业互联网发展，先后出台一系列政策，见表 1.1。

表 1.1　工业互联网相关政策

时间	文件名称	内容要点
2015 年	国务院《关于积极推进"互联网+"行动的指导意见》	提出推动互联网与制造业融合,提升制造业数字化、网络化、智能化水平,加强产业链协作
2016 年	国务院《关于深化制造业与互联网融合发展的指导意见》	提出充分释放"互联网+"的力量,改造提升传统动能,培育新的经济增长点,加快推动"中国制造"提质增效升级,实现从工业大国向工业强国迈进
2017 年	国务院《关于深化"互联网+先进制造业"发展工业互联网的指导意见》	提出加快建设和发展工业互联网,推动互联网、大数据、人工智能和实体经济深度融合,发展先进制造业,支持传统产业优化升级
2018 年	工信部《工业互联网平台建设及推广指南》	提出到 2020 年,培育 10 家左右的跨行业跨领域工业互联网平台和一批企业级工业互联网平台
2018 年	工信部《工业互联网发展行动计划（2018—2020 年)》	提出到 2020 年底我国将实现"初步建成工业互联网基础设施和产业体系"的发展目标,具体包括建成约 5 个标识解析国家顶级节点、遴选约 10 个跨行业、跨领域平台
2019 年	工信部《工业互联网网络建设及推广指南》	初步建成工业互联网基础设施和技术产业体系,形成先进、系统的工业互联网网络技术体系和标准体系等
2019 年	十三届全国人大二次会议《政府工作报告》	报告提出打造工业互联网平台,拓展"智能+",为制造业转型升级赋能

2. 工业互联网产业联盟

2016 年 2 月,我国成立工业互联网产业联盟,为推动"中国制造 2025"和"互联网+"融合发展提供必要支撑。

"2016 年 8 月,中国工业互联网产业联盟发布了《工业互联网标准体系框架》,提出了工业互联网的标准体系框架、重点标准化方向以及标准化推进建议。该文件从网络连接、标识解析、平台支撑、数据管理和安全五大方面,对工业互联网的建设和运行设立了统一的标准,为工业互联网平台发展提供基础支撑。

2020 年 4 月,中国工业互联网产业联盟发布了《工业互联网体系架构（版本 2.0）》,从顶层设计的角度为工业互联网发展路径提供指导参考意见。《工业互联网体系架构（版本 2.0）》在分析业务需求基础上,提出了工业互联网体系架构,指出网络、平台和安全是体系架构的三大核心,如图 1.8 所示,其中"网络"是工业系统互联和数据传输交换的支撑基础,"平台"是工业互联网的核心,"安全"是网络、数据以及工业融合应用的重要前提。"

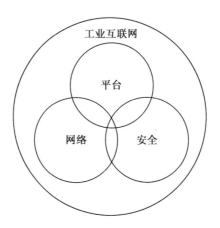

图 1.8　工业互联网体系架构的核心

1.2.3　工业互联网发展趋势

工业互联网与制造业的融合将带来四方面的智能化升级。

1. 智能化生产

智能化生产，实现从单机到产线、工厂的智能决策。

2. 网络协同化

网络协同化，形成众包众创、协同设计制造等新模式，降低新产品研发成本，缩短上市周期。

3. 个性化定制

个性化定制，即基于互联网获取用户个性化需求，通过灵活柔性组织设计、生产流程，实现低成本大规模定制。

4. 服务化转型

服务化转型是指通过对产品实时监测，提供远程维护等服务，并反馈、优化产品设计。

智能制造发展分为三个阶段，第一个阶段是设备自动化，第二个阶段是信息透明化和数字化，第三个阶段是智能化。因此，工业互联网是智能制造的关键基础。智能制造的最终实现主要依靠两个基础：工业制造技术和工业互联网。工业互联网是充分发挥工业装备、工艺和材料潜能，提高生产效率，优化资源配置效率，创造差异化产品和实现服务增值的关键。

智能化和数字化是工业互联网的发展方向。现有的自动化工厂或者数字化工厂，工业机器人、伺服、传感器等都已经存在。但这仅仅是基础条件，只有上述设备具备了主动感知环境、产品工艺、操作者水平的变化，主动调整软件和程序，自动适应周围的变化，并根据这些变化不断地学习和优化自己的控制性能，才是真正的智能制造。

1.3 工业互联网技术基础

1.3.1 工业互联网组成

根据中国工业互联网产业联盟对工业互联网的定义,根据中国工业互联网产业联盟对工业互联网的定义,工业互联网是满足工业智能化发展需求,具有低时延、高可靠、广覆盖特点的关键网络基础设施,是新一代信息通信技术与先进制造业深度融合所形成的新兴业态与应用模式。

工业互联网的本质是以机器、控制系统、信息系统、产品及人员的网络互联为基础,如图 1.9 所示,通过对工业数据的深度感知、实时传输交换、快速计算处理及高级建模分析,实现智能控制、运营优化和生产组织方式的变革。

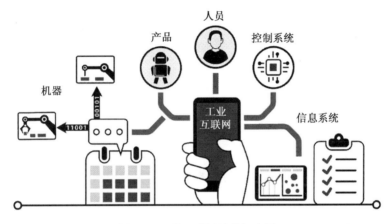

图 1.9 工业互联网连接概念图

工业互联网系统将所有智能物体接入互联网,通过互联网连接起来,并运用物体感知技术,采集智能物体的标识、位置、状态、场景数据,通过互联网快速传输到工业互联网平台。利用云计算技术提供的低成本的庞大计算能力,工业互联网平台上的大数据分析工具对采集到的智能物体的海量工业数据进行分析,获取工业智能,并将其反馈到智能物体的设计、制造、使用中,达到提高工业生产率的效果,从而实现提高人类社会生产力、改善人类生活的目的。

工业互联网有三个核心要素:智能设备、智能系统和智能决策,如图 1.10 所示。

1. 智能设备

智能设备是指任何一种具有计算处理能力的设备或者机器。智能设备是传统电气设备与计算机技术、数据处理技术、控制理论、传感器技术、网络通信技术、电力电子技术等相结合的产物。在工业生产中,常见的智能设备包括智能传感器、可编程逻辑控制器 PLC、数控机床、工业机器人等。

智能装备是工业互联网基础执行层和底层数据来源，是工业互联网体系的重要组成部分。数据从智能设备和网络获取，使用大数据工具与分析工具存储、分析和可视化，得到"智能信息"，用于决策。

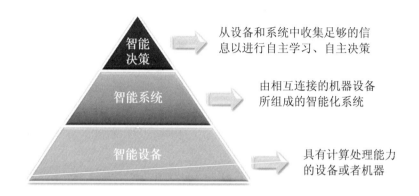

图1.10　工业互联网核心要素

2. 智能系统

智能系统指的是由相互连接的机器设备所组成的智能化系统。随着加入工业互联网的机床和设备的增加，机器设备在机组和网络间的协同效应就可以实现。智能系统主要能实现四个功能：

（1）网络级优化。智能系统中的互联机器可以协同运行，实现网络级的效率优化。

（2）预测性维护。智能系统能够提供系统内所有机器设备状态的可视信息，结合机器学习技术，可以实现机器设备的预测性维护，从而降低设备的维护成本。

（3）系统自恢复。智能系统可以在遭受冲击后快速和高效地辅助系统恢复。

（4）网络化学习。智能系统中的每台机器的运行经验都可以集合到信息系统中，通过对信息的学习，系统将更加智能。

3. 智能决策

工业互联网的趋势是能够实现自主学习、自主决策，不断优化。智能决策是指从设备和系统中收集足够的信息以进行自主学习，并根据学习的结果进行自主决策，使得部分运行职能从操作人员那里转移到数字系统中。

工业互联网的关键是通过大数据实现智能决策。当从智能设备和智能系统采集到了足够的大数据时，智能决策就已经具备了基础的条件。工业互联网中，智能决策对于应对系统越来越复杂且机器的互联、设备的互联、组织的互联所形成的庞大的网络来说十分必要。智能决策就是为了解决系统的复杂性。

1.3.2　工业互联网分类

工业互联网是新一代信息技术与工业系统深度融合而形成的产业和应用生态。工业互联网不是一类技术,它综合运用了自动识别技术、传感器技术、无线传感网络技术、物联网技术、工业网络通信技术、云计算技术、大数据技术、数字孪生技术和人工智能技术等关键技术,如图 1.11 所示。

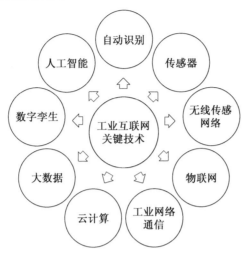

图 1.11　工业互联网关键技术

1. 自动识别技术

自动识别技术是一种高度自动化的信息或数据采集技术。自动识别技术对字符、影像、条码、声音、信号等记录数据的载体进行自动识别,自动地获取、识别物品的相关信息,并提供给后台计算机处理系统完成相关后续处理。自动识别技术是融合物理世界和信息世界的重要技术,也是工业互联网的基石。

自动识别完成了系统的原始数据的采集工作,解决了人工数据输入的速度慢、误码率高、劳动强度大、工作简单重复性高等问题,为计算机信息处理提供了快速、准确地进行数据采集输入的有效手段,因此,自动识别技术作为一种革命性的高新技术,正迅速被人们所接受。

2. 传感器技术

新技术革命的到来使世界进入工业互联网时代。在利用信息的过程中,首先要解决的问题就是如何获取准确、可靠的信息,而传感器是获取自然和生产领域中信息的主要途径与手段。

在现代工业生产尤其是自动化生产过程中,要用各种传感器来监视和控制生产过程中的各个参数,使设备工作在正常状态或最佳状态,并使产品达到最好的质量。因此可以说,没有众多的、优良的传感器,现代化生产也就失去了基础。

3. 无线传感网络技术

在科学技术日新月异的今天,传感器技术作为信息获取的一项重要技术,得到了很大的发展，并从过去的单一化逐渐向集成化、微型化和网络化方向发展。无线传感器网络综合了传感器技术、嵌入式计算技术、分布式信息处理技术和通信技术，能够以协作的方式实时地监测、感知和采集网络区域内的各种对象的信息，并进行处理。

4. 物联网技术

物联网（The Internet of Things，IoT）将地理分布的异构嵌入式设备通过高速稳定的网络连接起来，实现信息交互、资源共享和协同控制，是实现万物互联的一个重要的前提和基础。

物联网与工业互联网概念有所不同，实际上，物联网更强调物与物的"连接"，而工业互联网则要实现人、机、物全面互联。具体而言，工业互联网是实现人、机、物全面互联的新型网络基础设施，可形成智能化发展的新兴业态和应用模式，而物联网技术是构建工业互联网的核心技术之一。

5. 工业网络通信技术

工业网络通信泛指将终端数据上传到工业互联网平台并能通过工业互联网平台获取数据的传输通道。它通过有线、无线的数据链路将传感器和终端检测到的数据上传到工业互联网平台，接收工业互联网平台的数据并传送到各个扩展功能节点。

6. 云计算技术

由于互联网技术的飞速发展，信息量与数据量快速增长，导致计算机的计算能力和数据的存储能力满足不了人们的需求。在这种情况下，云计算技术应运而生。云计算作为一种新型的计算模式，利用高速互联网的传输能力将数据的处理过程从个人计算机或服务器转移到互联网上的计算机集群中，带给用户前所未有的计算能力。

7. 大数据技术

随着智能技术以及现代化信息技术的不断发展，我国迎来了一个全新的智能时代，曾经仅存于幻想中的场景逐渐成为现实，比如工人只需要发出口头指令就可以指挥机器人完成相应的生产工序，从生产到检测再到市场投放全过程实现自动化。而这种自动化场景的实现，都离不开工业大数据的支持。在人与人、物与物、人与物的信息交流中逐步衍生出了工业大数据，并贯穿产品的整个生命周期。

8. 数字孪生技术

数字孪生（Digital Twin）是一种拟人化的说法，是指以数字化方式创建物理实体的虚拟模型，借助数据模拟物理实体在现实环境中的行为，并通过虚实交互反馈、数据融合分析、决策迭代优化等手段，为物理实体增加或扩展新的能力。作为一种充分利用模型、数据、智能并集成多学科的技术，数字孪生面向产品全生命周期过程，发挥连接物理世界和信息世界的桥梁和纽带作用，提供更加实时、高效、智能的服务。

通过数字孪生技术,可以将现实世界中复杂的产品研发、生产制造和运营维护转换成在虚拟世界相对低成本的数字化信息。通过对虚拟的产品进行优化,可以加快产品研发周期,降低产品生产成本,方便对产品进行维护保养。

9. 人工智能技术

人工智能(Artificial Intelligence,AI)是人类设计和操作相应的程序,从而使计算机可以对人类的思维过程与智能行为进行模拟的一门技术。它是在计算机科学、控制论、信息学、神经心理学、哲学、语言学等多种学科基础上发展起来的一门综合性的边缘学科。人工智能是计算机科学的一个分支,它企图了解智能的实质,并生产出一种新的能以人类智能相似的方式做出反应的智能机器。随着人工智能的发展以及制造业的转型升级,人工智能在自动化与简化整个制造生态系统方面逐渐发挥出了作用,体现出巨大的潜力。

1.4 工业互联网应用

工业互联网平台是工业互联网的核心,起到了连接设备、软件、工厂、产品、人等工业全要素的枢纽作用,为海量工业数据的采集、汇聚、分析和服务提供了载体。工业互联网技术的应用以工业互联网平台为典型代表。

※ 工业互联网应用

工业互联网平台在工业系统各层级环节都有广泛的应用空间,工业互联网平台的应用正从单一设备、单个场景的应用逐步向完整生产系统和管理流程过渡,最后将向产业资源协同组织的全局互联演进。目前,工业互联网平台主要应用于工业生产的四个场景中:生产过程优化、管理决策优化、资源配置优化和产品全生命周期优化,如图1.12所示。

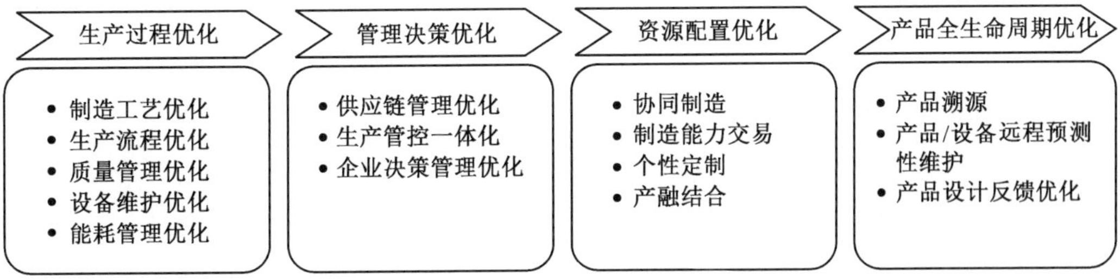

图1.12 工业互联网技术应用

1.4.1 生产过程优化

工业互联网平台能够有效采集和汇聚设备运行数据、工艺参数、质量检测数据、物料配送数据和进度管理数据等生产现场数据,通过数据分析反馈在制造工艺优化、生产流程优化、质量管理优化、设备维护优化和能耗管理优化等具体场景中。

1. 制造工艺优化

工业互联网平台可对工艺参数、设备运行等数据进行综合分析，找出生产过程中的最优参数，提升制造品质。

2. 生产流程优化

工业互联网平台通过对生产进度、物料管理、企业管理等数据进行分析，可提升排产、进度、物料、人员等方面管理的准确性。企业可以通过平台，协调生产环境中不同来源的数据，提取有价值的信息，实现生产任务的自动分配。

3. 质量管理优化

工业互联网平台基于产品检验数据和"人、机、料、法、环"（如图1.13所示，是质量管理五大关键因素）等过程数据进行关联性分析，实现在线质量监测和异常分析，降低产品不良率。

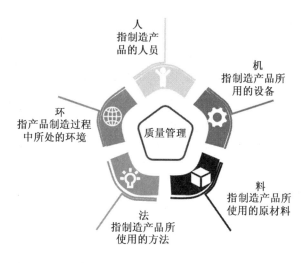

图1.13　质量管理五大关键因素

4. 设备维护优化

传统的设备运行维护多以定期检查、事后维修的预防性维护策略为主，不仅耗费大量的人力和物力，而且效率低下。现在企业可通过工业互联网平台的监测技术，及时监控设备运行状态，结合设备历史数据与实时运行数据，实现制造设备的预测性维护。设备的预测性维护示例如图1.14所示。

5. 能耗管理优化

工业互联网平台基于现场能耗数据的采集与分析，对设备、产线、场景能效使用进行合理规划，提高能源使用效率，实现节能减排。

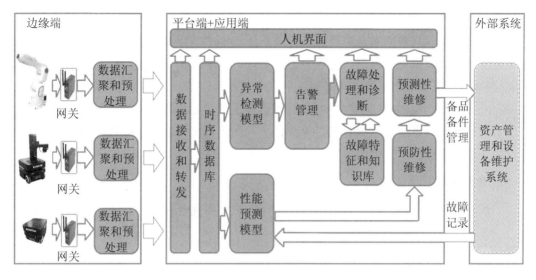

图 1.14　设备的预测性维护示例

1.4.2　管理决策优化

借助工业互联网平台可打通生产现场数据、企业管理数据和供应链数据，提升决策效率，实现更加精准与透明的企业管理，其具体场景包括供应链管理优化、生产管控一体化、企业决策管理等。

1. 供应链管理优化

工业互联网平台可对供应链的各个环节（图 1.15）进行计划、调度、调配、控制与利用，实时跟踪现场物料消耗，结合库存情况安排供应商进行精准配货，实现零库存管理，有效降低库存成本。

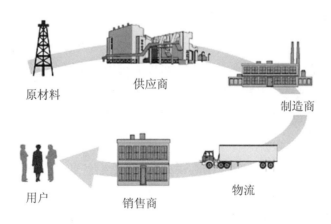

图 1.15　供应链组成环节

2. 生产管控一体化

企业基于工业互联网平台进行业务管理系统和生产执行系统集成,可实现企业管理和现场生产的协同优化。通过对现场设备（如生产设备、物流设备、检测设备）的物联集成,实时采集设备运行参数,再通过工业云将数据传送至制造执行系统（Manufacturing Execution System,MES）,同时实时接收 MES 下发的控制指令,最终反馈至相应设备,从而实现对现场设备的数字化管理。生产管控一体化对现场设备运行数据的实时分析处理对生产过程控制、工艺优化具有重要意义。

3. 企业决策管理优化

工业互联网平台通过对企业内部数据的全面感知和综合分析,有效支撑企业智能决策。

1.4.3 资源配置优化

工业互联网平台可实现制造企业与外部用户需求、创新资源、生产能力的全面对接,推动设计、制造、供应和服务环节的并行组织和协同优化。其具体场景包括协同制造、制造能力交易、个性定制与产融结合等。

1. 协同制造

工业互联网平台通过有效集成不同设计企业、生产企业及供应链企业的业务系统,实现设计、生产的并行实施,大幅缩短产品研发设计与生产周期,降低成本。

2. 制造能力交易

企业通过工业互联网平台对外开放空闲制造能力,实现制造能力的在线租用和利益分配。例如,企业可以通过平台以融资租赁模式向其他企业提供闲置的制造设备,按照制造能力付费,可有效降低用户资金门槛,释放产能。

3. 个性定制

工业互联网平台可实现企业与用户的无缝对接,形成满足用户需求的个性化定制方案,提升产品价值,增强用户黏性。企业可以通过平台与用户进行充分交互,对用户个性化定制订单进行全过程追踪,同时将需求搜集、产品订单、原料供应、产品设计、生产组装和智能分析等环节打通,打造适应大规模定制模式的生产系统。

4. 产融结合

工业互联网平台通过工业数据的汇聚分析,为金融行业提供评估支撑,为银行放贷、股权投资、企业保险等金融业务提供量化依据。例如,企业可与保险公司合作,基于机器设备的数据平台,指导保险业务对每一个机器设备进行精准定价,如图 1.16 所示。

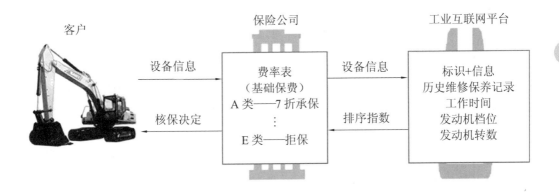

图 1.16　基于工业互联网的保险业务示例

1.4.4　产品全生命周期优化

产品全生命周期管理如图 1.17 所示。工业互联网平台可以将产品设计、生产、运行和服务数据进行全面集成,以全生命周期可追溯为基础,在设计环节实现可制造性预测,在使用环节实现健康管理,并通过生产与使用数据的反馈改进产品设计。当前其具体场景主要有产品溯源、产品/装备远程预测性维护、产品设计反馈优化等。

图 1.17　产品全生命周期管理

1. 产品溯源

工业互联网平台借助标识技术记录产品生产、物流、服务等各类信息,使每个产品具备单一数据来源,综合形成产品档案,为产品售后服务提供全面准确信息,实现产品的全生命周期追溯系统。

2. 产品/装备远程预测性维护

工业互联网平台可以远程采集产品/装备的实时运行数据,并将实时运行数据与其设计数据、制造数据、历史维护数据进行融合,提供运行决策和维护建议,实现设备故障的提前预警、远程维护等设备健康管理应用。例如船运公司可通过船上的传感器收集信息，并进行性能参数分析，实现对远洋航行船舶的实时监控、预警维护和性能优化。

3. 产品设计反馈优化

工业互联网平台可以将产品运行和用户使用行为数据反馈到设计和制造阶段，从而改进设计方案，加速创新迭代。企业可使用工业互联网平台助力自身产品的设计优化，由工业互联网平台对产品交付后的使用数据进行采集分析。依托大量历史积累数据的分析，企业可对设计端模型、参数和制造端工艺、流程进行优化，通过不断迭代实现产品的设计改进和性能提升。

1.5 工业互联网人才培养

1.5.1 人才分类

人才是指具有一定的专业知识或专门技能，进行创造性劳动，并对社会做出贡献的人，是人力资源中能力和素质较高的劳动者。

按照国际上的分法，普遍认为人才分为学术型人才、工程型人才、技术型人才、技能型人才四类，如图1.18所示，其中学术型人才单独分为一类，工程型、技术型与技能型人才统称为应用型人才。

图1.18 人才分类

学术型人才，为发现和研究客观规律的人才，其基础理论深厚，具有较好的学术修养和较强的研究能力。

工程型人才，为将科学原理转变为工程或产品设计、工作规划和运行决策的人才，具有较好的基础理论、较强的应用知识解决实际工程的能力。

技术型人才，是在生产第一线或工作现场从事为社会谋取直接利益的工作的人才，把工程性人才或决策者的设计、规划、决策变换成物质形态或对社会产生具体作用，具有一定的基础理论，但更强调在实践中应用。

技能型人才，是指各种技艺型、操作性的技术工人，主要从事操作技能方面的工作，强调工作实践的熟练程度。

1.5.2 工业互联网产业人才现状

工业互联网是支撑工业智能化发展的新型网络基础设施，是新一代信息通信技术与先进制造业深度融合形成的新兴业态与应用模式。因此，工业互联网领域亟需既了解新一代信息通信技术又掌握制造业专业知识的人才。

2017年，《制造业人才发展规划指南》对制造业十大重点领域的人才需求进行了预测，见表1.2。到2025年，电力装备、新一代信息技术产业、高档数控机床和机器人、新材料将成为人才缺口最大的几个专业，其中新一代信息技术产业人才缺口将会达到950万人。

表1.2 制造业十大重点领域人才需求预测（单位：万人）

序号	十大重点领域	2015年 人才总量	2020年 人才总量预测	2020年 人才缺口预测	2025年 人才总量预测	2025年 人才缺口预测
1	新一代信息技术产业	1 050	1 800	750	2 000	950
2	高档数控机床和机器人	450	750	300	900	450
3	航空航天装备	49.1	68.9	19.8	96.6	47.5
4	海洋工程装备及高技术船舶	102.2	118.6	16.4	128.8	26.6
5	先进轨道交通装备	32.4	38.4	6	43	10.6
6	节能与新能源汽车	17	85	68	120	103
7	电力装备	822	1 233	411	1 731	909
8	农机装备	28.3	45.2	16.9	72.3	44
9	新材料	600	900	300	1 000	400
10	生物医药及高性能医疗器械	55	80	25	100	45

针对我国工业互联网人才基础薄弱、缺口较大的形势，国务院发布的《深化"互联网+先进制造业"发展工业互联网的指导意见》提出的强化专业人才支撑的重要举措，对于加快工业互联网人才培育，补齐人才结构短板，充分发挥人才支撑作用意义重大。

目前，我国工业互联网相关专业人才紧缺，尤其是既懂工业运营需求、又懂网络信息技术，有较强创新能力和操作能力的复合型人才严重紧缺。在人才培养方面，需要注重发挥企业作用，协同发挥高校、企业、科研单位、产业集聚区等各行各业的作用。

1. 培养创新型领军人才

在国家重大人才工程项目和高层次人才特殊支持计划中，支持智能网络、工业软硬件、CPS等核心关键技术研究和集中攻关。

2. 培养专业技术人才和高端咨询人才

在应用型高校、职业院校建设一批工程创新训练中心，加强工业数字设计、系统集成、数据分析、网络安全等专业人才培养，以此为依托打造工业互联网高端咨询人才队伍。

3. 培养高技能人才

依托企业、产业园区、创新中心等载体，加强开放协同、创新创业等新理念教育，支持校企合作开展工业互联网应用人才"订单式"培养，针对一线劳动者开展智能机器操作、运维、人机交互等技能培训。

1.5.3 工业互联网产业人才职业规划

发展工业互联网，人才是根本。目前，我国工业互联网相关专业人才紧缺，尤其是既了解工业运营需求，又掌握网络信息技术、有较强创新能力的复合型人才。工业互联网的发展对专业技术人才和劳动者技能素质提出了新的更高要求。工业互联网对人才的岗位需求主要有以下三类。

1. 技术创新岗位

工业互联网网络是实现工业系统互联和工业数据传输交换的基础，其技术创新和应用涉及网络和控制系统、标识解析、机器学习、CPS、工业软件等多领域多学科技术，其中标识解析、机器学习等技术还属于相当前沿的领域，需要大量技术创新人才从事研发创新和探索实践。

2. 复合型应用岗位

工业互联网平台是工业智能化发展的核心载体，平台上汇聚了海量异构数据、工业经验知识及各类创新应用，能够支撑生产运营优化、关键设备监测、生产资源整合、通用工具集成等智能化生产运营活动。这需要积累大量生产经验，熟悉建模、虚拟仿真工具，能够将经验转化为固化模型，并掌握数据分析工具的复合型应用人才，以及时发现生产现场状况、协作企业信息、用户市场需求等高附加值预判信息，通过精确计算和复杂分析，实现从机器设备、运营管理到商业活动的价值挖掘和智能优化。

3. 安全保障岗位

工业互联网将工业控制系统与互联网连接起来，意味着互联网安全风险向工业关键领域延伸渗透，网络安全将与工业安全风险交织，需要设置大量保障工业互联网安全运行的相关岗位，迫切需要培育大量专业化安全保障人才。一是关键技术研发人才，需要形成兼顾网络安全和工业安全的研发人才队伍。二是管理和咨询服务人才，能够满足工业互联网安全试验验证、安全监测预警、态势感知、安全公共服务等需求，形成工业互联网安全管理和服务人才体系。

1.5.4 产教融合学习方法

产教融合学习方法参照国际上一种简单、易用的顶尖学习法——"费曼学习法"。理查德·费曼是美国著名的物理学家，1965年诺贝尔物理奖得主（图1.19）。

费曼学习法关键在于学习模式的转变，学习费曼学习法能够真正意义上地改变我们的学习模式，图1.20所示为不同学习模式的学习效率图。

 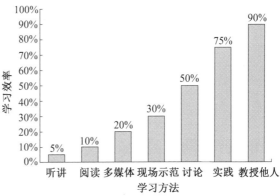

图 1.19　理查德·费曼　　　　　图 1.20　为不同学习模式的学习效率图

从学习效率图中可以知晓，对于一种知识，通过别人的讲解，只能获取 5%；通过自身的阅读可以获取 10%的知识；通过多媒体等渠道的宣传可以掌握 20%的知识；通过现场示范可以掌握 30%的知识；通过相互间的套路可以掌握 50%的知识；通过时间可以掌握 75%的知识；最后达到能够教授他人的水平，就能够掌握 90%的知识。

通过上述掌握知识的情况，可以通过下述四个部分进行知识体系的梳理。

1. 注重理论与实践相结合

对于工业互联网技术的学习来说，实践是掌握技能的最好方式，理论对实践具有重要的指导意义，两者相结合才能既了解系统原理，又掌握技术应用。

2. 通过项目案例掌握应用

在工业互联网技术领域中，相关原理往往非常复杂，难以在短时间内掌握，但是作为工程化的应用实践，其项目案例更为清晰明了，可以更快地掌握应用方法。

3. 进行系统化的归纳总结

任何技术的发展都是有相关技术体系的，通过个别案例很难了解全部，只有在实践中不断归纳总结，形成系统化的知识体系，才能掌握相关应用，学会举一反三。

4. 通过相互交流加深理解

个人对知识内容的理解可能存在片面性，通过多人的相互交流、合作探讨，可以碰撞出不一样的思路技巧，实现对工业互联网技术的全面掌握。

第 2 章 智能网关产教应用系统

2.1 智能网关简介

工业互联网是基于多种手段进行数据采集,再将各种生产数据进行模型分析,从而最终实现改善生产过程、优化生产流程的目的。所以,工业互联网技术的快速发展离

※ 智能网关简介

不开大量生产过程数据的获取。然而目前工业现场中存在着不同制造商生产的机器设备或者不同技术水平的生产设备,这些种类繁多的设备通常采用了不同的数据格式、编程语言和通信方式,要实现所有设备的数据采集,就需要采用一种能够和各种设备进行通信交互的专用设备。

工业互联网智能网关能够完成不同数据源间的通信协调和分析,再将通信内容转发给相应接收者,是目前及将来工业互联网技术发展的重要支撑,起到了桥梁的作用。

2.1.1 智能网关介绍

目前,工业现场应用中存在多种类型的工业互联网智能网关,这些智能网关除在操作方式上存在一定差异之外,在运行机制上具有很多共性之处。

西门子作为全球领先的工业自动化解决方案提供商,其推出的 IOT2000 系列工业互联网智能网关具有显著的技术优势和行业代表性。下面将以西门子 IOT2000 系列的 SIMATIC IOT2040 智能网关为例(图 2.1),介绍其功能特点和应用方法。

图 2.1 SIMATIC IOT2040 智能网关

西门子 SIMATIC IOT2040 智能网关是用于生产环节数据采集、处理和传输的开放性网关平台，是实现企业 IT 层和生产系统之间互联的理想网关。SIMATIC IOT2040 智能网关作为中间层数据接口设备，可实现双向通信，一方面支持广泛的数据采集方式，从而在云平台进行数据分析，另一方面可以把云平台分析处理后的数据传送给生产控制设备。这种连续的数据传输使生产优化过程形成控制闭环。

SIMATIC IOT2040 智能网关支持多种通信协议和开放式的组态编程语言，可根据应用场景需求快速实现定制化的解决方案。

SIMATIC IOT2040 智能网关的主要特点包括：
- 性能卓越，优异的开放性和扩展性；
- 可采用多种高级语言进行编程；
- 可方便地采用 Arduino 扩展板和 mini PCIe 卡进行扩展；
- 结构紧凑，支持 DIN 导轨安装；
- 采用了低功耗高性能 Intel Quark 处理器，带有多个接口。

2.1.2 智能网关基本组成

SIMATIC IOT2040 智能网关具有多种通信接口和功能扩展接口，可以方便地集成到现有工厂系统中，以极高的性价比和安全性，快速实现对机器设备的升级改造。

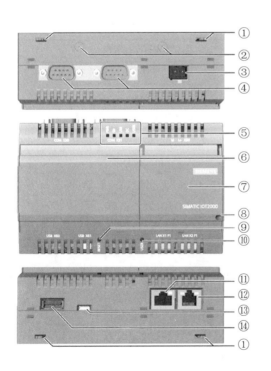

①墙式安装开口
②天线安装标记
③电源连接口
④COM 接口（RS232/RS422/RS485）
⑤LED 指示灯
⑥扩展模块区
⑦右侧盖板
⑧安全装置
⑨复位按钮
⑩可编程用户按钮
⑪10/100 Mbps 以太网接口
⑫10/100 Mbps 以太网接口,可用于 PoE
⑬Micro B 型 USB 接口
⑭A 型 USB 接口

图 2.2　SIMATIC IOT2040 智能网关结构图

考虑到工业应用领域设备情况的复杂性，SIMATIC IOT2040 智能网关提供有多种标准工业 I/O 接口扩展板。SIMATIC IOT2040 I/O 扩展板配有 5 点数字量输入、2 点模拟量输入和 2 点数字量输出，从而可将非时间敏感性的传感器数据直接连接到 SIMATIC IOT2040 智能网关。

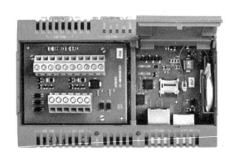

图 2.3　SIMATIC IOT2040 智能网关扩展板及安装情况

2.1.3　主要技术参数

SIMATIC IOT2040 智能网关基于 Linux 系统进行设计，具有良好的系统开放性和扩展性，其配置的多种类型的通信接口，可为实现与不同工业设备之间的连接提供良好支持。SIMATIC IOT2040 智能网关的主要技术参数见表 2.1。

表 2.1　SIMATIC IOT2040 智能网关主要技术参数

项目	参数
处理器	Intel Quark X1020，400 MHz
RAM	1 GB
BIOS SPI 闪存	8 MB
Micro SD	插入单个 Micro SD 卡的插槽
扩展插槽	1 个 Arduino 扩展板插槽
	1 个 mini PCIe 插槽
A 型 USB 接口（X60）	USB 2.0 HOST，最大 2.5 W/500 mA
Micro B 型 USB 接口（X61）	USB 设备接口
LAN 以太网接口（X1 P1，X2 P1）	SOC LAN 控制器
COM 串口（X30/X31）	RS232，最高 115 kbps，D 型接头，9 针
	RS422，最高 115 kbps，D 型接头，9 针
	RS485，最高 115 kbps，D 型接头，9 针
	RS485 允许的最大电缆长度：30 m
	其他 COM 端口允许的最大电缆长度：1 000 m
供电规格	DC9～36 V，最大 1.4 A，无电流隔离
外形尺寸（长*宽*高）	144 mm×90 mm×53 mm

2.2 产教应用系统简介

2.2.1 产教应用系统简介

产教应用系统是融合了产业生产技术和产业教学理念的复合型应用系统。桌面型（Desk Training）工业互联网智能网关教学平台是一款基于产教应用系统技术理念设计而成的便携式教学平台，具有开放化、平台化、模块化等特点。在深入分析工业互联网产业技术背景的基础上，围绕 SIMATIC IOT2040 智能网关，平台设计集成了 PLC、触摸屏、交流伺服系统等工业领域中常见的设备，实现了能够面向多类型智能化设备进行通信连接和数据采集的功能。桌面型工业互联网智能网关教学平台，如图 2.4 所示。

※ 产教应用系统简介

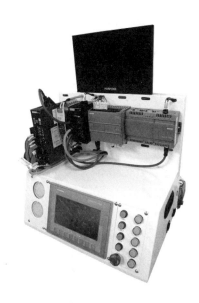

图 2.4　桌面型工业互联网智能网关教学平台

桌面型工业互联网智能网关教学平台集成元素丰富，灵活便携，可以很方便地应用于课堂教学与知识技能培训场合，构建灵活的知识教学与技能培养解决方案。桌面型教学平台相对于大型工业设备或教学设备，具有空间占用较小、硬件成本与运行成本低等优点，非常容易实现规模化教学，并达到最佳的学习效果。

2.2.2 产教应用系统基本组成

桌面型工业互联网智能网关教学平台包括丰富的工业自动化元素，如智能网关、PLC、触摸屏、交流伺服系统、开关电源、工业交换机等。桌面型工业互联网智能网关教学平台结构图如图 2.5 所示。

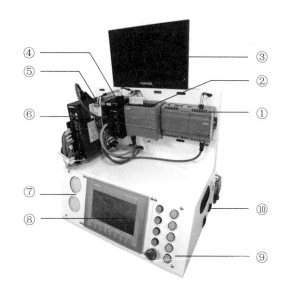

①智能网关
②PLC 控制器
③显示器
④工业交换机
⑤开关电源
⑥交流伺服驱动器
⑦伺服电机分度盘
⑧人机界面
⑨可编程用户 I/O 信号
⑩编程电源接口

图 2.5　桌面型工业互联网智能网关教学平台结构图

平台具有扩展的以太网和 USB 通信接口，方便用户通过电脑直接进行联机调试。标准化的电源接口和电缆附件为方便、快速地运行系统提供了极大便利。平台连接，如图 2.6 所示。

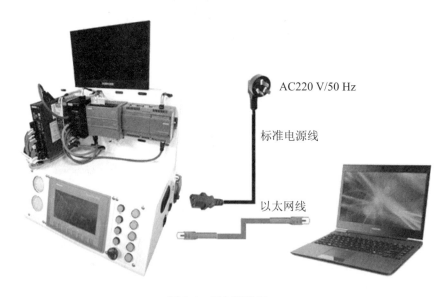

图 2.6　平台连接图

2.2.3　产教典型行业应用

工业互联网的日益普及推动了各行各业的广泛变革和应用创新。

1. 在制造业中的应用

互联的智能工厂的特点是具有更高的灵活性、效率和适应性，从而极大地提高生产率、优化资源配置和人机交互特性。

智能仓储是制造业中不可或缺的关键环节。目前工业中的各类仓库和配送中心的自动化程度越来越高，实现了更精准的订单、更快速的库存周转以及仓库空间的更有效利用。基于工业智能网关获取各类现场数据，利用工业互联网无线访问和远程连接，可实现远程管理和云端优化计算。

工业智能网关使远程访问的维护人员可以对自动材料处理设备进行故障排查和诊断。基于云端的连接，减少了昂贵的基础设施投入。工业互联网提升了仓库的可见性，所采集的各类智能设备的信息可以跨平台地在电脑和移动设备端透明展示，使得自动化设备的数据可以更有效地运用到信息模型中，以更低的成本实现更快的库存周转。

2. 在运输业中的应用

工业互联网在运输业中的应用，使得运输工具制造商和物流管理企业能够在任意时间、任意地点与驾驶员进行沟通，及时地参与到现场维修、维护等环节中。工业互联网技术的进步极大地改善了运输和物流企业的运营和数据使用方式。例如，将每个车辆连接到互联网，利用实时数据进行分析，实现整个车队的监控和优化调度。

在设备方面，基于工业互联网技术，设备生产商和经销商能够随时对车辆的关键操作部件进行故障排查，为用户提供预防性维护和燃料水平等服务通知，并优化车辆的整体性能，通过云端跟踪重要维护任务的状态。

在运营方面，可通过大量的数据分析，了解单个车辆或整个车队的利用率和生产率报告，将闲置车辆数量降到最低，在线生成任务工单，跟踪运营成本。

3. 在能源行业中的应用

随着可再生能源在全球能源需求中所占比例越来越高，就需要更加灵活的电网运行系统，以充分管理这些不能持续稳定供给的能源。一方面，电网必须实时匹配用户不断变化的需求；另一方面，需要兼顾绿色能源生产商为了优化成本而导致的电力输出的波动。

工业互联网为可再生能源的优化利用提供了解决方案。基于工业互联网技术将太阳能、风能和传统电力生产商与高能耗消费者（如加工制造企业、轻型商业建筑和高密度住宅）进行连接，允许电力控制系统监控潜在功率需求，使得能源生产企业能够根据电力需求情况，调配能源供给。

4. 在水处理行业中的应用

随着全球人口不断扩张，水资源变得越发稀缺，水资源循环利用成为重要的解决途径。因此，对远程抽水系统和废水处理系统的连接和管理能力变得至关重要。

提泵站是社区污水处理基础设施的重要组成部分,可将污水从不平坦的地面上有效地运输到初级处理厂。基于智能网关,通过使用各种无线和有线网络技术能够更有效管理远程提泵站。维护人员使用远程访问的方式,可以在任何位置进行信息更新和故障排查。基于云端的服务管理连接,可增加远程提泵站的可视化,减少了对基础设施建设的大量投入。

2.3 关联硬件应用基础

桌面型工业互联网智能网关教学平台集成了典型的工业自动化器件,通过智能网关能够实现对多种硬件的连接和信息交互。周边的关联硬件是智能网关数据获取的载体,对各种主要的周边关联硬件的熟练掌握和正确使用,是智能网关能够进行数据采集、分析和展示的前提。下面将对桌面型工业互联网智能网关教学平台所涉及的主要自动化部件的基础应用进行简要介绍。

2.3.1 PLC 应用基础

PLC(可编程逻辑控制器)是一种专门为工业环境而设计的数字运算操作电子系统。它采用一种可编程的存储器,在其内部存储执行逻辑运算、顺序控制、定时、计数和算术运算等操作的指令,通过数字式或模拟式的输入、输出来控制各种类型的机械设备或生产过程。

桌面型工业互联网智能网关教学平台采用 SIMATIC S7-1214C 型模块化紧凑型 PLC(图 2.7),其具有可扩展性强、灵活度高等设计特点,可实现最高标准工业通信的通信接口以及一整套强大的集成技术功能,是完整、全面的自动化解决方案的重要组成部分。

图 2.7 SIMATIC S7-1214C 型模块化紧凑型 PLC

1. 主要功能特点

(1)安装简单方便,结构紧凑并配备了可拆卸的端子板。

(2)可添加 3 个通信模块,支持 PROFIBUS 主从站通信。

(3)集成的 PROFINET 接口用于编程、HMI 通信、PLC 之间的通信。

（4）用户指令和数据提供高达 150 KB 的共用工作内存。同时还提供了高达 4 MB 的集成装载内存和 10 KB 的掉电保持内存。

（5）集成工艺，包括多路高速输入、脉冲输出功能。

2. 主要技术参数

SIMATIC S7-1214C DC/DC/DC 型 PLC 是 S7-1200 系列 PLC 的典型代表产品，其主要规格参数见表 2.2。

表 2.2 SIMATIC S7-1214C DC/DC/DC 型 PLC 的主要规格参数

型号	CPU 1214C DC/DC/DC
用户存储	100 KB 工作存储器/4 MB 负载存储器，可用专用 SD 卡扩展/10 KB 保持性存储器
板载 I/O	数字 I/O:14 点输入/10 点输出；模拟 I/O：2 路输入
过程映像大小	1 024 字节输入（I）/1 024 字节输出（Q）
高速计数器	共 6 个，单相：3 个 100 kHz 及 3 个 30 kHz 的时钟频率；正交相位：3 个 80 kHz 及 3 个 20 kHz 的时钟频率
脉冲输出	4 组脉冲发生器
脉冲捕捉输入	14 个
扩展能力	最多 8 个信号模块；最多 1 块信号板；最多 3 个通信模块
性能	布尔运算执行速度：0.08 μs/指令；移动字执行速度：1.7 μs/指令；实数数学运算执行速度：2.3 μs/指令
通信端口	1 个 10/100 Mb/s 以太网端口
供电电源规格	电压范围：20.4～28.8 V DC；输入电流：24 V DC 时 500 mA

3. 软件开发环境

TIA（Totally Integrated Automation，全集成自动化）博途软件（图 2.8）是西门子面向工业自动化领域推出的新一代工程软件平台，博途将所有自动化软件工具集成在统一的开发环境中，借助该全新的工程技术软件平台，用户能够快速、直观地开发和调试自动化系统。

TIA 博途软件代表着软件开发领域的一个里程碑，它是世界第一款将所有自动化任务整合在一个工程设计环境下的软件。其主要包括三个部分：SIMATIC STEP 7、SIMATIC WinCC 和 SIMATICS StartDrive。其中 SIMATIC STEP 7 是用于组态 S7 系列 PLC 和 WinAC 控制器的工程组态软件。

在使用 S7-1200 系列 PLC 的过程中，首先需要安装 TIA 博途软件。软件主要包含 STEP7、WinCC、S7-PLCSIM、StartDrive、STEP 7 Safety Advanced 等组件。

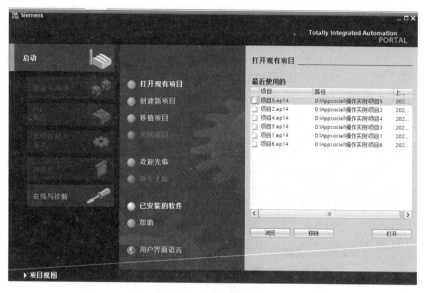

图 2.8　TIA 博途软件

其中，TIA STEP7 包括 TIA STEP7 Basic 和 TIA STEP7 Professional 两个版本。TIA STEP7 Basic 只能用于对 S7-1200 进行编程，而 TIA STEP7 Professional 不但可以对 S7-1200 编程，还可以对 S7-300/400 和 S7-1500 编程。

2.3.2　人机界面应用基础

人机界面（Human Machine Interaction，HMI）又称触摸屏，是人与设备之间传递、交换信息的媒介和对话接口。在工业自动化领域，各个厂家有种类、型号丰富的产品可供选择。西门子公司推出的精简系列人机界面拥有全面的人机界面基本功能，是适用于简易人机交互应用的理想选择。

桌面型工业互联网智能网关教学平台采用 SIMATIC KTP700 型人机界面（图 2.9），该款人机界面具有 64 K 色的创新型高分辨率显示屏，能够对各类图形进行展示，并具有 USB 接口，支持连接键盘、鼠标或条码扫描器等设备，能够通过集成以太网口方便地与西门子系列 PLC 控制器通信。

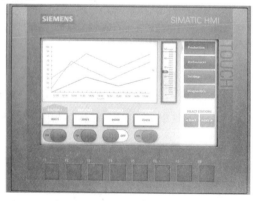

图 2.9　SIMATIC KTP700 型人机界面

1. 主要功能特点

(1) 全集成自动化（TIA）的组成部分，缩短了组态和调试时间，采用免维护的设计，维修方便。

(2) 由于具有输入/输出字段、矢量图形、趋势曲线、条形图、文本和位图等要素，可以简单、轻松地显示过程值。

(3) 使用 USB 端口，可灵活连接 U 盘、键盘、鼠标或条码扫描器等设备。

(4) 图片库带有现成的、种类丰富的图形对象。

(5) 可组态 32 种语言，在线可完成多达 10 种语言之间的切换。

2. 主要技术参数

西门子 KTP700 Basic PN 型人机界面的主要规格参数见表 2.3。

表 2.3 KTP700 Basic PN 型人机界面的主要规格参数

型号	KTP700 Basic PN
显示尺寸	7 寸 TFT 真彩液晶屏，64 K 色
分辨率	800×480
可编程按键	8 个可编程功能按键
存储空间	用户内存 10 MB，配方内存 256 KB，具有报警缓冲区
功能	画面数：100；变量：800；配方：50；支持矢量图、棒图、归档；报警数量/报警类别：1 000/32
接口	PROFINET（以太网），主 USB 口
供电电源规格	额定电压：24V DC；电压范围：19.2～28.8 V DC；输入电流：24 V DC 时 230 mA

3. 软件开发环境

TIA WinCC 分为组态（RC）系列和运行系统（RT）两个类别，组态（RC）系列有四种版本，分别是 WinCC Basic、WinCC Comfort、WinCC Advanced 和 WinCC Professional，各版本的区别见表 2.4。两个运行系统（RT）分别为 WinCC Runtime Advanced 和 WinCC Runtime Professional。

表 2.4 TIA WinCC RC 系列各版本的区别

版本	可组态的对象
WinCC Basic	只针对精简系列面板
WinCC Comfort	精简系列面板、精智系列面板、移动面板
WinCC Advanced	全部面板、单机 PC 以及基于 PC 的"WinCC Runtime Advanced"
WinCC Professional	全部面板、单机 PC、C/S 和 B/S 架构的人机系统以及基于 PC 的运行系统"WinCC Runtime Professional"

人机界面的组态是在 TIA 博途软件 SIMATIC WinCC 组态（图 2.10）上进行设计和编译的。用户可打开 TIA 博途软件，选择对应型号的触摸屏进行组态。

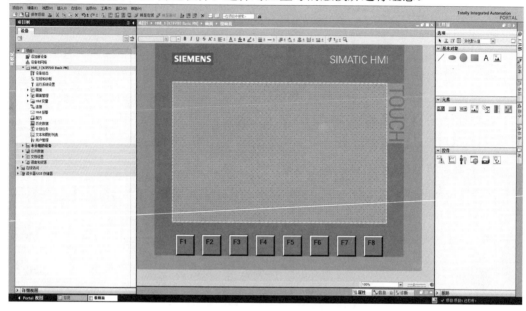

图 2.10　TIA 博途软件 SIMATIC WinCC 组态画面

2.3.3　伺服电机应用基础

伺服来自英文单词"Servo"，指系统跟随外部指令，按照所期望的位置、速度和力矩进行精确运动。目前工业中广泛应用的是交流伺服系统，主要用于对调速范围、定位精度、稳速精度、动态响应和运行稳定性等方面有特殊要求的场合。在交流伺服系统中，永磁同步电机以其优良的低速性能、动态特性和运行效率，在高精度、高动态响应的场合已经成为伺服系统的主流之选。交流伺服系统一般由交流伺服驱动器、交流伺服电机和相关电缆附件组成。

桌面型工业互联网智能网关教学平台采用西门子 SINAMICS V90 型交流伺服驱动器，搭配 SIMOTICS S-1FL6 伺服电机，构建了一个兼顾高动态性能和平滑运动的交流伺服系统。SINAMICS V90 型交流伺服驱动器针对基本运动控制进行设计，支持内部设定值位置控制、外部脉冲位置控制、速度控制和扭矩控制，整合了脉冲输入、模拟量输入/输出、数字量输入/输出及编码器脉冲输出接口。该伺服系统是西门子"全集成自动化"的理念的重要体现，能够与其他 SIMATIC 系列产品进行无缝的系统构建。图 2.11 所示为西门子 SINAMICS 交流伺服系统。

1. 主要功能特点

（1）伺服性能优异。先进的一键优化及自动实时优化功能可使设备获得更高的动态性能，自动抑制机械谐振频率，支持最高 1 MHz 的高速脉冲输入，20 位分辨率的多圈绝对值编码器。

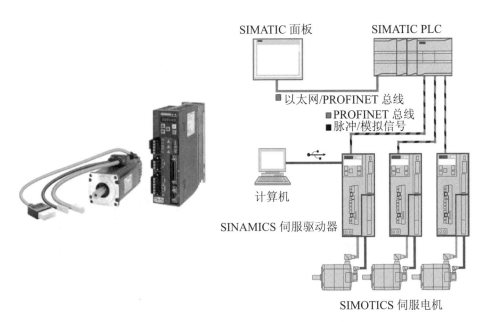

图 2.11　西门子 SINAMICS 交流伺服系统

（2）集成丰富的控制模式，包括外部脉冲位置控制、内部设定值位置控制（通过程序步或 Modbus 或 PROFINET）、速度控制和扭矩控制。

（3）集成了 PROFINET、Modbus RTU 等接口方式，与控制系统的连接快捷简单。

（4）快速、便捷的伺服优化和机械优化。

（5）集成安全扭矩停止（STO）功能。

2. 主要技术参数

西门子 SINAMICS V90 PN 型交流伺服驱动器与 SIMOTICS S-1FL6 伺服电机，是西门子集成驱动产品的典型代表，其主要规格参数见表 2.5。

表 2.5　SINAMICS V90 PN 主要规格参数

伺服驱动器	SINAMICS V90 PN
控制模式	速度控制、基本位置控制
I/O 接口	20 pin DI/DO
运动控制通信	2*RJ45 接口，支持与 PLC 进行 PROFINET 通信
通信接口	Mini USB
人机接口	6 位七段数码管，5 个按键，RDY 指示灯，COM 通信指示灯
伺服电机	SIMOTICS S-1FL6
额定速度	3 000 r/min
最高速度	5 000 r/min
编码器	增量编码器
保护等级	IP65

3. 相关配套软件

西门子提供了功能强大的监控软件 SINAMICS V-ASSISTANT 工具软件（图 2.12），用户可通过 USB 连接 SINAMICS V90 伺服驱动器，进行参数设置、运行测试和故障诊断。

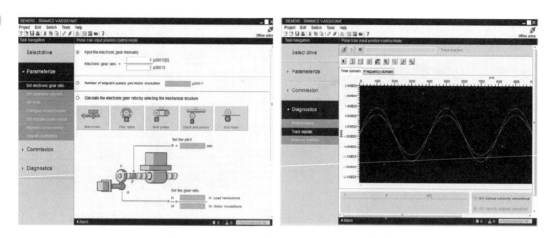

图 2.12　SINAMICS V-ASSISTANT 工具软件

（1）软件下载。

用户可通过西门子官方在线支持，搜索"SINAMICS V-ASSISTANT"，导航到下载页面（图 2.13）进行软件下载安装。

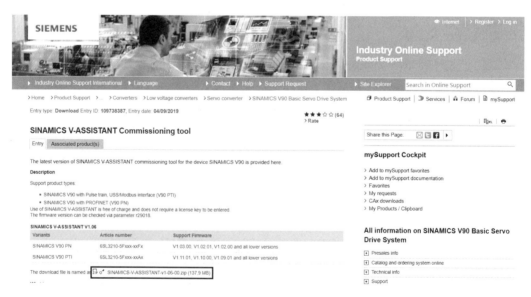

图 2.13　软件下载界面

（2）安装步骤。

下面介绍 SINAMICS V-ASSISTANT 的安装，具体步骤见表 2.6。

表2.6 SINAMICS V-ASSISTANT安装步骤

序号	图片示例	操作步骤
1		下载完成，左键双击"setup"进行安装
2		弹出界面点击【Next】，进入下一步
3		选择"Modify"，点击【Next】，进入下一步

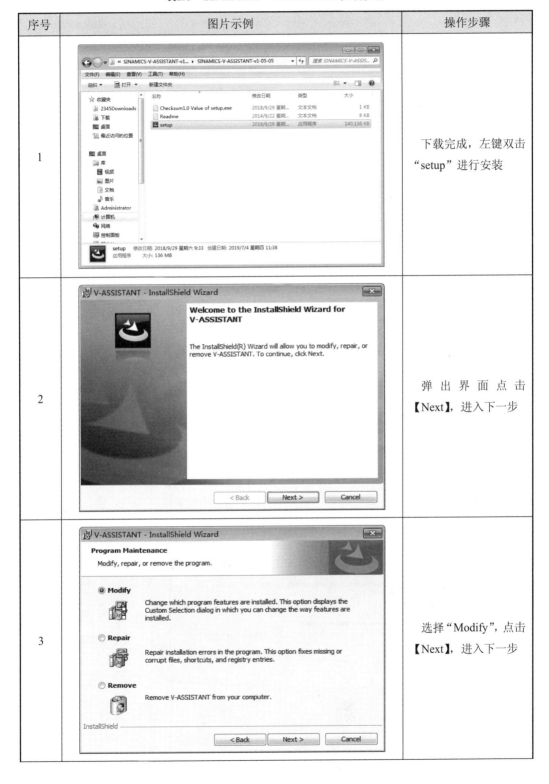

续表2.6

序号	图片示例	操作步骤
4	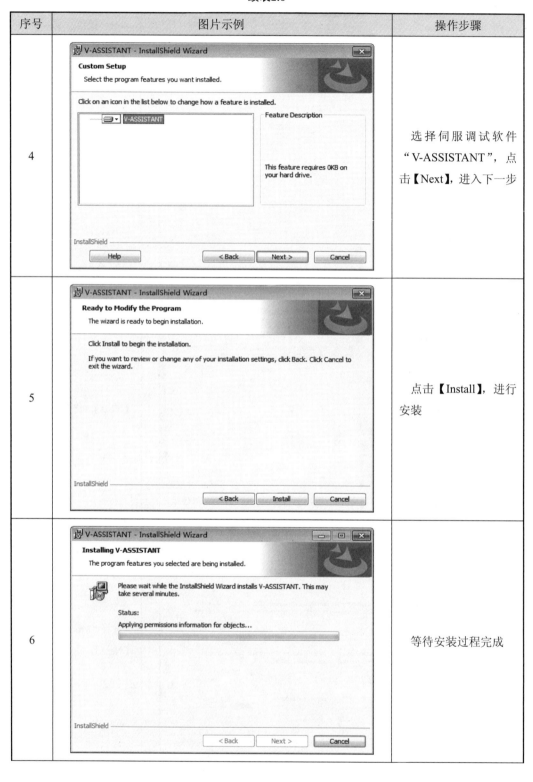	选择伺服调试软件"V-ASSISTANT",点击【Next】,进入下一步
5		点击【Install】,进行安装
6		等待安装过程完成

续表2.6

序号	图片示例	操作步骤
7	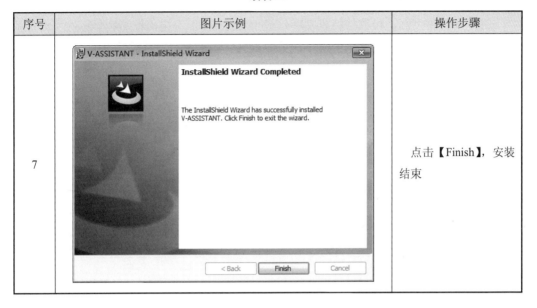	点击【Finish】，安装结束

2.3.4　智能仪表应用基础

智能仪表是一种将计算机技术、传感技术、采集技术与通信技术有机结合的新一代"智能化仪表"的统称，具有电路简化、可靠性高、数据处理能力强和通信功能丰富等特点。以智能仪表为载体的智能感知是实现工业互联的关键基础，智能仪表是其中不可或缺的一部分，它通过采集数据、处理数据并对数据进行初步分析、加工，成为工业互联网感知的源头。

桌面型工业互联网智能网关教学平台采用松下 KW9M 多功能电力监控智能仪表（图 2.14）。使用该智能仪表可以对电源质量及能耗情况进行数据采集，通过对电力的分析，为节能管理和能源优化提供数据支撑，提高设备利用效率。

图 2.14　松下 KW9M 多功能电力监控智能仪表

1. 主要功能特点

（1）检测精度高，可监控待机功率，最小支持 1 mA 小电流检测和显示；
（2）相同的单相电源供电情况下，最多可同时测量 3 个电路的数据；
（3）支持谐波测量，改善相间不平衡；
（4）使用可视化软件，实现数据图表化、远程设定等功能。

2.主要技术参数

松下 KW9M 多功能电力监控智能仪表的主要规格参数见表 2.7。

表2.7　松下KW9M多功能电力监控智能仪表的主要规格参数

产品型号	KW9M
测量类型	AC 正弦波
相线式	单相 2 线式（最大 3CH）、单相 3 线式、三相 3 线式、三相 4 线式
适用电力系统	100 V 等级、200 V 等级、400 V 等级
测量频率	50/60 Hz
最大电流	10 A（额定电流的 200%）
过负载耐量	额定电流的 1 000%、3 s
电流测量分辨率	0.001 A
功率测量精度	0.5%
测量项目	有功功率、无功功率、视在功率、电力需量、有功功率量、无功功率量、视在功率量、电流/电压、电流/电压不平衡度、电流/电压 THD、谐波电流、电流需量、谐波电压、功率因数、电源频率、脉冲计数值（累计脉冲）、环境温度等
通信规格	RS485 通信：半双工方式，起停同步通信，支持 MEWTOCOL、MODBUS（RTU）、DL/T645-2007 协议，最多通信 99 台，通信距离 1 200 m；波特率：115 200、57 600、38 400、19 200、9 600、4 800、2 400、1 200 b/s；传输格式：8 bit；奇偶校验：无/奇数/偶数，停止位：1 bit、2 bit USB 通信：USB2.0 规格，MiniB 型 USB 接口；传输速度：12 Mb/s(Full-Speed)；通信协议：Computer Link（MEWTOCOL）

3. 相关配套软件

（1）软件下载。

针对松下 KW9M 多功能电力监控智能仪表，松下提供了多种专门用于配置、监控的软件，用户可通过松下电器官方网站搜索该智能仪表，导航到软件下载界面（图 2.15），选择所需要的软件进行下载和安装。

第 2 章　智能网关产教应用系统

图 2.15　软件下载界面

（2）安装步骤。

下面介绍 Configurator KW9M(64bit)的安装步骤，具体步骤见表 2.8。

表2.8　Configurator KW9M(64bit)的安装步骤

序号	图片示例	操作步骤
1		双击软件安装文件，弹出选择安装语言界面，选择简体中文后点击【确定】

续表2.8

序号	图片示例	操作步骤
2		等待安装，待完成安装准备后，启动 Configurator KW9M 的安装向导
3		启动 Configurator KW9M 的安装向导后，点击【下一步】
4		选择"我接受该许可证协议中的条款"，并点击【下一步】

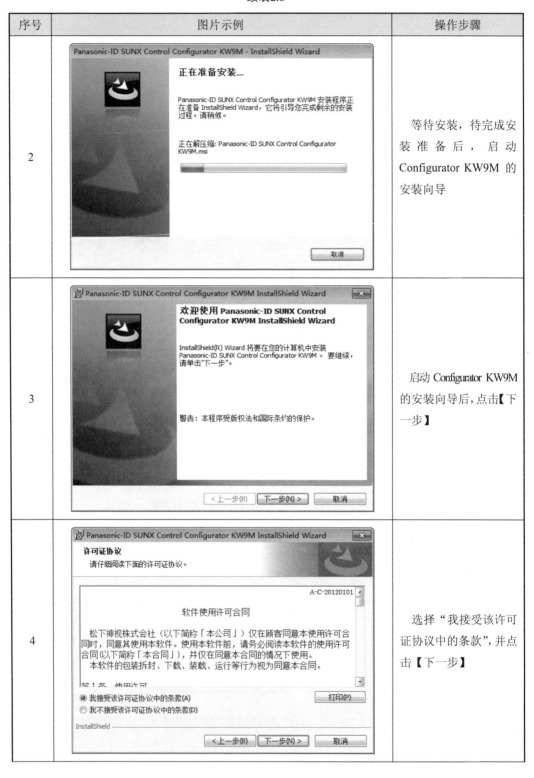

续表2.8

序号	图片示例	操作步骤
5		显示输入用户信息的画面。输入信息如无误，则点击【下一步】
6		进入选择安装位置画面。根据需要可进行更改，此处保持默认设定，点击【下一步】
7		继续安装的情况下，点击【安装】，程序开始安装

续表2.8

序号	图片示例	操作步骤
8		点击【安装】按钮后，将继续安装 Configurator KW9M
9		安装完成后，点击【完成】按钮

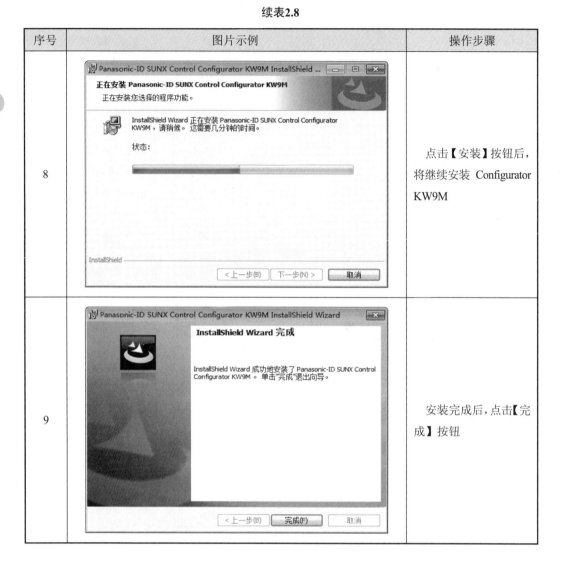

第 3 章　智能网关编程基础

3.1　Node-RED 软件简介及安装

❋ Node-RED 软件简介

西门子 SIMATIC IOT2040 智能网关采用 Node-RED 开放式编程环境，用户能够基于图形化的编程方式，快速构建工业互联网数据采集应用程序。

3.1.1　Node-RED 软件介绍

Node-RED 是一种全新的编程工具，以图形化的方式非常直观地将硬件设备、API 和在线服务等部件连接在一起。它提供了一个基于浏览器的程序编辑器，可以很容易地使用系统中提供的各种功能节点（Node）连接成信号流（Flow），能够实现快速开发和部署各类应用程序。

Node-RED 构建在 Node.js 之上，充分利用其事件驱动的非阻塞模型，这使得它非常适合运行在低成本的嵌入式硬件上，如嵌入式单板电脑等。Node-RED 提供多种 API 应用节点，支持广泛的通信协议，例如 MQTT、TCP、UDP 等。对于嵌入式系统，Node-RED 提供控制面向板级 I/O 控制功能，并通过使用 MQTT、HTTP 等协议与云端做数据交互，从而能够方便地构建各类工业物联网（IOT）产品应用场景。Node-RED 编程界面如图 3.1 所示。

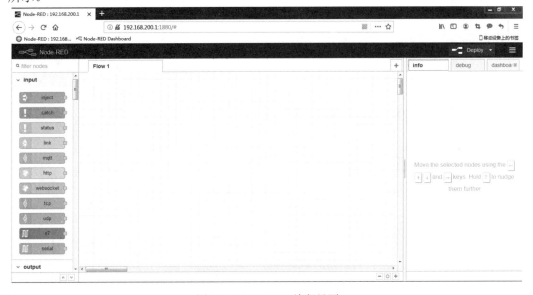

图 3.1　Node-RED 编程界面

Node-RED 拥有以下诸多的优点：

（1）图形化编程界面，上手简单。

（2）适合作为概念性应用验证的开发工具。

（3）浅显易懂，快速应用。

（4）具有高度扩展性，默认提供了各类功能的 Library、Flow、Node 可供使用，并且支持用户自定义节点，实现功能扩展。

3.1.2 Node-RED 软件安装

在安装 Node-RED 软件之前需要为 SIMATIC IOT2040 智能网关搭建基础的运行环境。

软件安装前的准备工作主要完成以下三个部分内容：相关文件下载、镜像文件的烧录和网关的初始化设置。

1. 相关文件下载

首先用户需要先下载一些与烧录和配置紧密相关的文件和软件，为正式操作做好准备。主要需要具备的文件和软件包括：系统镜像文件、系统镜像文件写入软件和远程桌面软件。

（1）系统镜像文件。

IOT2000 系列智能网关的 SD 卡示例镜像文件，是西门子提供的基于 Linux 操作系统的系统镜像文件，是 IOT2000 系列智能网关运行的操作系统。

用户可登录西门子工业自动化官方网站，注册用户账号后，在搜索框中输入"SIMATIC IOT2000 SD-Card example image"进行镜像文件查找或直接输入镜像文件下载网址下载 Example_Image 镜像文件。镜像文件下载界面如图 3.2 所示。

SIMATIC IOT2000 SD-Card example image

Entry | Associated product(s)

To realize your first automation tasks with the SIMATIC IOT2000, you can use this SD-Card example image for commissioning.

You can find a description about the SD-Card Image in the SIMATIC IOT2000 ↗ Forum.

Download
ZIP Example_Image_V2.4.0.zip (365,0 MB)
SHA256 checksum: AAF678B7B864C9A3C0B586DCE14E73D5282072F3FA06E3A954A03F8E22AB72E1

图 3.2 镜像文件下载界面

（2）系统镜像文件写入软件。

为了使 SIMATIC IOT2040 智能网关正常运行，需要在智能网关的 Micro SD 卡插槽里安装一张烧录了 Linux 操作系统的 SD 卡。

Win32 Disk Imager 是一款知名的开源镜像文件写入软件，能够方便快速地将操作系统镜像文件写入 CD、DVD 或 SD/CF 卡等存储介质中。用户可登录 sourceforge 网站进行软件下载后使用。

图 3.3　WIN32 Disk Imager 磁盘映像器下载界面

（3）远程桌面软件。

在 SIMATIC IOT2040 智能网关上首次安装 Node-RED 时，需要用户通过其他的客户端软件登录网关的 Linux 操作系统进行系统配置。

PuTTY 是经典的 SSH/Telnet 客户端软件之一，它可以通过 SSH Telnet 协议连接到相关服务器，然后通过命令行进行各种远程操作。可以通过登录 PuTTY 官方网站，选择与用户自己的计算机操作系统相匹配的软件安装包进行下载安装，PuTTY 下载界面如图 3.4 所示。

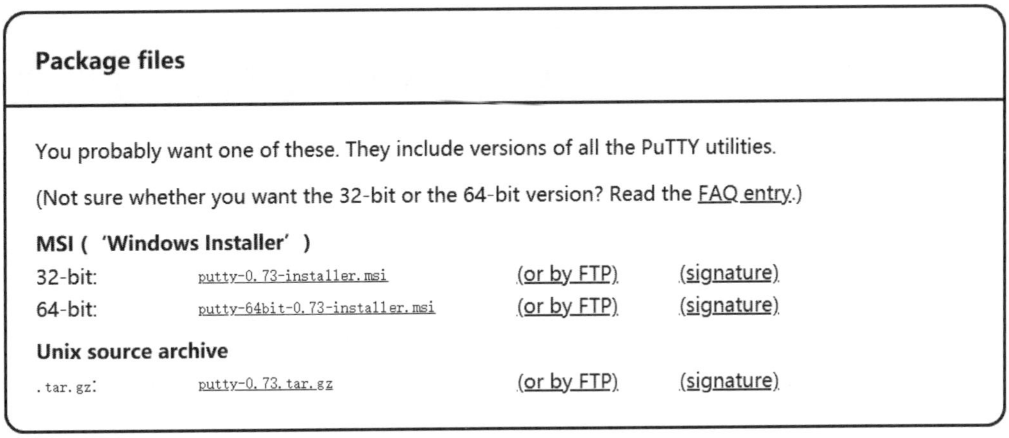

图 3.4　PuTTY 下载界面

2. 镜像文件的烧录

在完成前面的准备工作以后，下面将介绍如何把系统镜像文件写入 SD 卡。具体操作步骤见表 3.1。

表3.1 系统镜像文件写入步骤

序号	图片示例	操作步骤
1	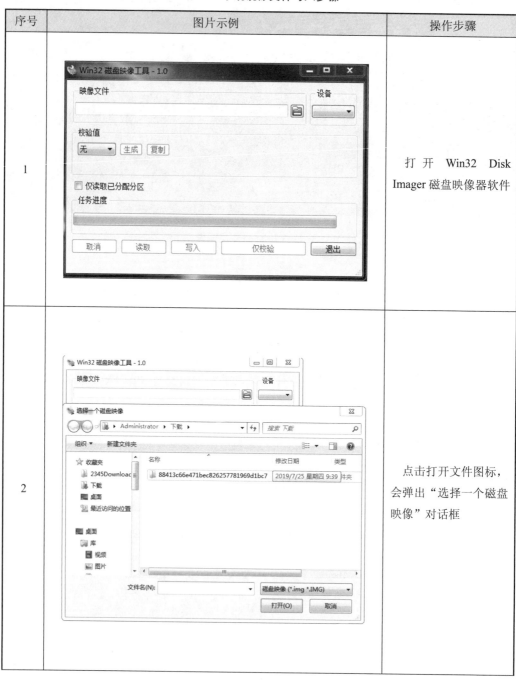	打开 Win32 Disk Imager 磁盘映像器软件
2		点击打开文件图标，会弹出"选择一个磁盘映像"对话框

续表3.1

序号	图片示例	操作步骤
3		选择下载好的镜像文件，点击【打开】
4		打开之后，选择需要写入的磁盘，点击【写入】，待烧录完成。
5		出现图示界面，说明烧录完成，点击【OK】

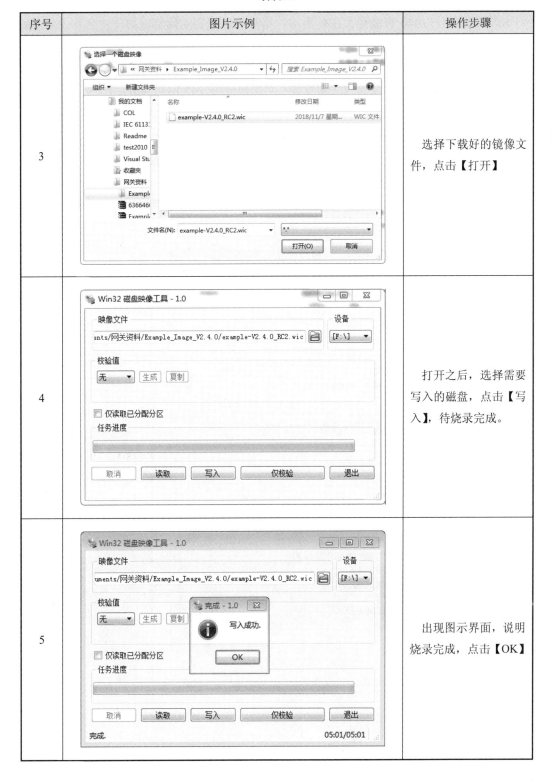

3. 网关的初始化设置

SIMATIC IOT2040 智能网关在使用前，用户可以根据实际情况对用户名称、登录密码、IP 地址、自启动软件、端口类型进行选择性设置。下面介绍 IP 地址的设置方法。

SIMATIC IOT2040 智能网关有两个以太网接口，用户可以自由更改它们的 IP 地址。SIMATIC IOT2040 智能网关的 LAN X1P1 初始地址为 192.168.200.1；LAN X2P1 采用 DHCP 协议，可以自动获取 IP 地址。

先将 LAN X1P1 接口与计算机相连，对 SIMATIC IOT2040 智能网关进行简单的配置。首先要把计算机的 IP 地址和 SIMATIC IOT2040 LAN X1P1 接口设置在同一网段内，如：将计算机的 IP 地址设置为 192.168.200.2，用网线进行连接。

下面将介绍如何对 SIMATIC IOT2040 智能网关进行基础配置。初始化设置 IP 地址的操作步骤见表 3.2。

表3.2 初始化设置IP地址的操作步骤

序号	图片示例	操作步骤
1	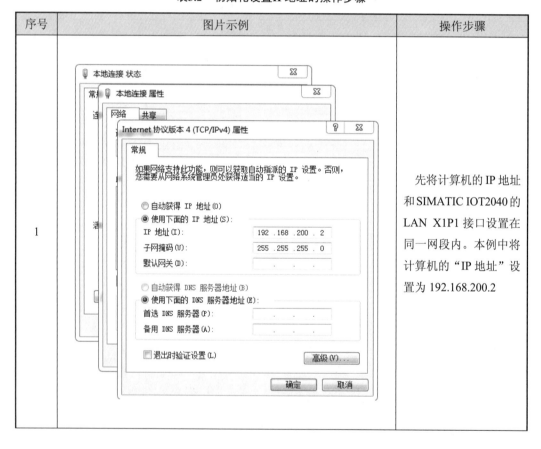	先将计算机的 IP 地址和 SIMATIC IOT2040 的 LAN X1P1 接口设置在同一网段内。本例中将计算机的"IP 地址"设置为 192.168.200.2

续表3.2

序号	图片示例	操作步骤
2	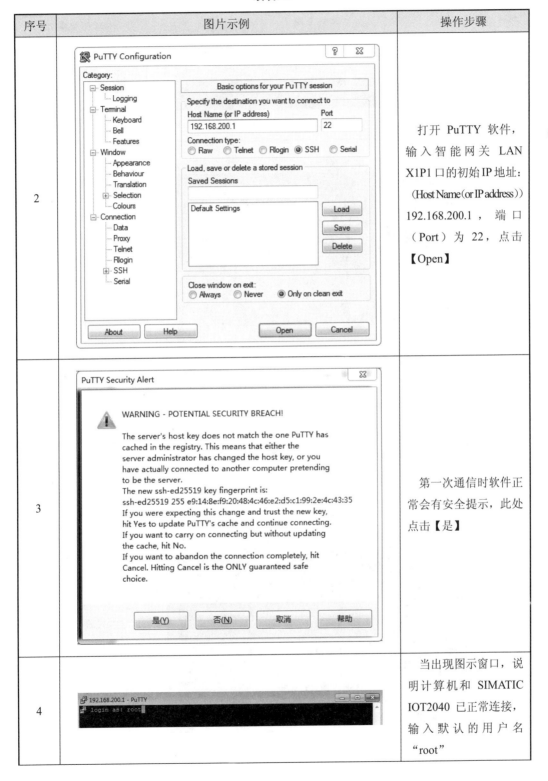	打开 PuTTY 软件，输入智能网关 LAN X1P1 口的初始 IP 地址：（Host Name(or IP address)）192.168.200.1，端口（Port）为 22，点击【Open】
3		第一次通信时软件正常会有安全提示，此处点击【是】
4		当出现图示窗口，说明计算机和 SIMATIC IOT2040 已正常连接，输入默认的用户名"root"

续表3.2

序号	图片示例	操作步骤
5		第一次登录，不需要密码，直接回车就可以登录进入 SIMATIC IOT2040 的操作系统
6		在官方提供的 SIMATIC IOT2040 系统镜像文件里，已经安装好了 Node-RED 编程环境，在代码界面输入命令代码 "node /usr/lib/node_modules/node-red/red &"，就可以运行 Node-RED 了
7		Node-RED 可以设置为开机自启动，在命令行输入"iot2000setup"，进入 Node-RED 的设置界面
8		进入设置选项，移动光标选择"Software"

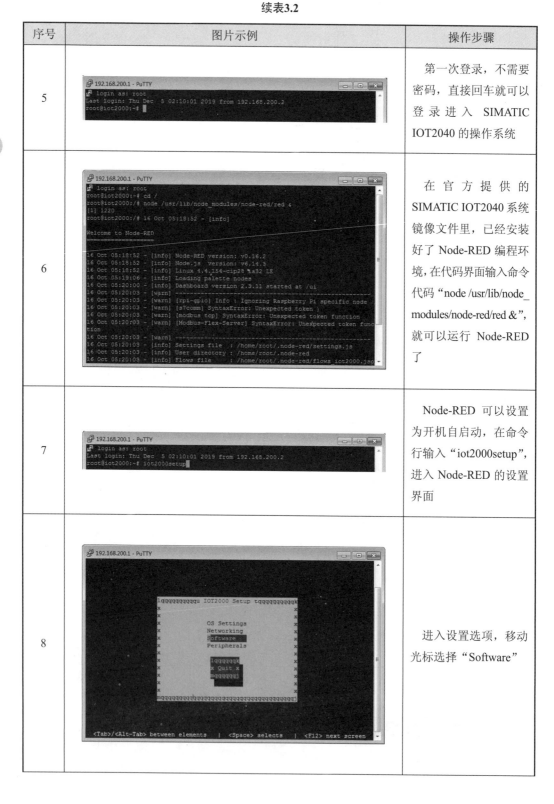

续表3.2

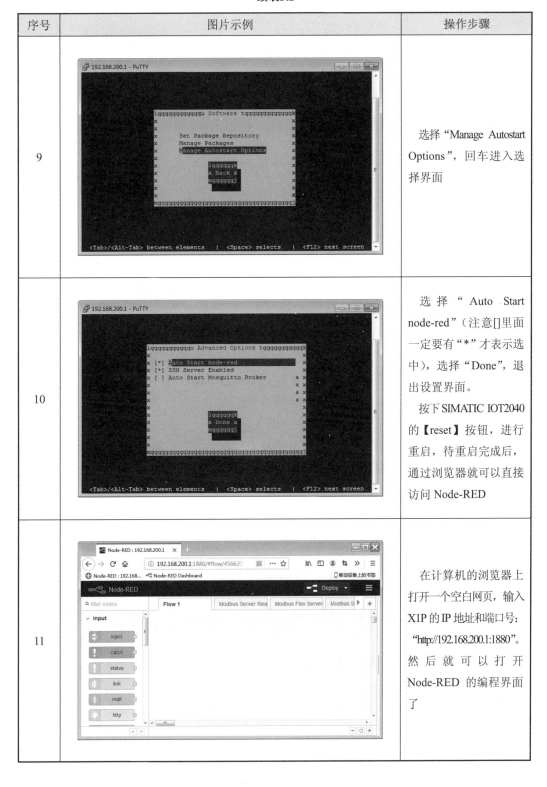

序号	图片示例	操作步骤
9		选择"Manage Autostart Options",回车进入选择界面
10		选择"Auto Start node-red"(注意[]里面一定要有"*"才表示选中),选择"Done",退出设置界面。按下 SIMATIC IOT2040 的【reset】按钮,进行重启,待重启完成后,通过浏览器就可以直接访问 Node-RED
11		在计算机的浏览器上打开一个空白网页,输入 X1P 的 IP 地址和端口号:"http://192.168.200.1:1880"。然后就可以打开 Node-RED 的编程界面了

3.2 软件功能简介

基于 Node-RED 的 IOT2000 系列智能网关编程软件的编程界面如图 3.5 所示。软件界面包括控件区、工作区、工具栏和调试信息区。

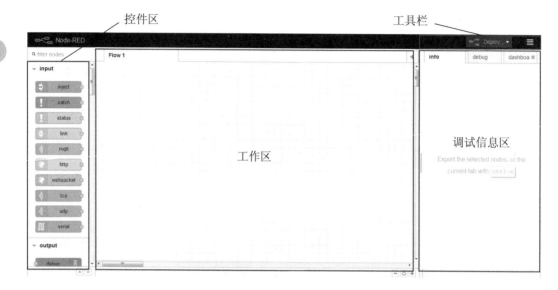

图 3.5　Node-RED 软件编程界面

3.2.1　控件区

控件区包含 Node-RED 支持的内置节点以及放置后续可扩展节点。节点扩展是指用户可根据应用需要，在计算机联网后，通过 Node-RED 的节点管理器来搜索和安装所需的功能节点，就像搭积木一样，扩增 Node-RED 节点类型，灵活方便。

刚安装好的系统，Node-RED 会内置有默认的多种类型功能节点，典型应用节点见表 3.3。

表3.3　典型应用节点

节点类型	典型节点	功能
输入类节点	inject	inject 节点，为后续节点注入数据类型可选的消息
	mqtt	mqtt in 节点，接收来自 MQTT 服务器的主题信息
	tcp	tcp in 节点，连接至 TCP 通信功能
输出类节点	debug	debug 节点，在调试侧边栏可以显示传入的消息内容
	mqtt	mqtt out 节点，连接至 MQTT 服务器，发布消息
	tcp	tcp out 节点，连接至 TCP 通信功能

续表3.3

节点类型	典型节点	功能
功能节点	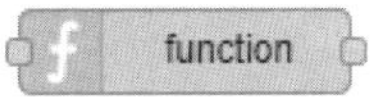 function	function 节点，函数功能节点，能够在内部进行函数相关处理及运输
	 switch	switch 节点，根据输入消息和判断条件实现消息路由选择功能
	 range	range 节点，将输入的数字映射到不同的范围内
	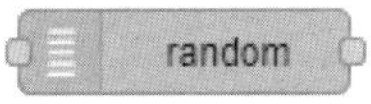 random	random 节点，在设定的数字范围内产生随机
社交节点	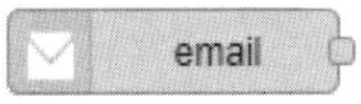 email	e-mail in 节点，重复地接收 IMAP 服务器的邮件
	 email	e-mail out 节点，将传入的消息以邮件的形式发送出去
存储节点	 file	file in 节点，以字符串或二进制串的形式读取文件内容
	 file	file out 节点，将消息内容写入文件中
分析节点	 sentiment	sentiment 节点，对传入的消息进行分析
高级节点	 watch	watch 节点，用于监视系统文件或目录的变化，输出变化信息
	 exec	exec 节点，运行系统命令，并返回结果
Raspberry_Pi 节点	 rpi gpio	rpi gpio input 节点，接收来自树莓派接口板的布尔信号
	 rpi gpio	rpi gpio output 节点，向树莓派接口板输出数字或 PWM 信号

3.2.2 工作区

工作区就是用户通过拖放节点，并按照功能要求进行信号流组合分配的区域。在工作区窗格的顶部是一组选项卡页面，用户可以将一个大的程序按照功能进行划分，从而放置在不同的选项卡页面里，以方便模块化程序设计。点击每个选项卡，就可以进行该选项卡页面里的 Node-RED 工程，如图 3.6 所示。

在工作区内编程，包括节点放置和节点连线两个步骤。

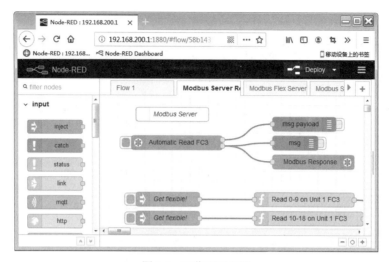

图 3.6 工作区展示图

通过选中控件区内所需的功能节点，点击左键不放，拖放到工作区，松开鼠标左键后，即可在工作区显示拖放的节点。

不同节点之间的连接，可以通过左键点击节点的输出（右侧的小方块），按住不放（或按住 Ctrl 键），拖至另外一个节点的输入端口（左侧的小方块），即可完成两个节点间的连线。信号或消息即可在连线的节点之间进行流转和处理。

3.2.3 工具栏

工具栏具有丰富的功能，用户可以进行程序部署、模板导入/导出、流程导入/导出、管理节点、修改节点配置、管理流程、软件设置等操作。

（1）程序部署类型。

如图 3.7 所示，可通过点击【Deploy】按钮右侧的下拉三角形按钮进行设置。

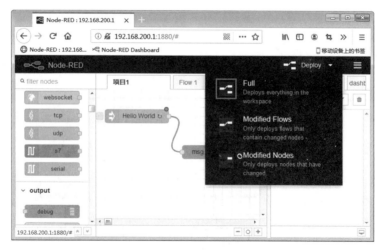

图 3.7 程序部署类型选择

点击【Deploy】按钮后，程序部署级别总共可分为三类：
① Full：全面部署在工作区中的所有内容和改动情况。
② Modified Flows：只部署已更改节点的流。
③ Modified Nodes：只部署已经更改的节点。
（2）工具栏菜单选项。
工具栏的具体菜单选项如图3.8所示。

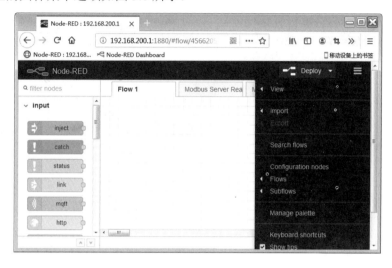

图 3.8　工具栏

基于弹出的菜单选项，可以进行一些常规和通用功能的设置。菜单栏各菜单项功能见表3.4。

表3.4　菜单栏各菜单项功能

菜单名	功　　能
View	进行软件界面显示设置，如可以设置成为是否显示控件区、是否显示侧边栏、是否显示日志事件等
Import	导入，可以选择从剪切板或库中导入相应的流
Export	导出，可以将选择的对象导出到剪切板或库
Search flows	查找流程，可以用于快速定位到所选的流程的 tab 标签页
Configuration notes	以归类的方式，可以对节点的属性进行批量设置或修改
Flows	可选择对流程进行新增、重命名或删除操作
Subflows	子流程相关操作，可以新建空白子流程或将所选对象创建为子流程，方便模块化程序设计
Mange palette/Keyboard shortcuts	管理面板，可以对节点查询、节点安装等方面进行操作，或查询和设置快捷键

3.2.4 调试信息区

调试信息区（图3.9）可以在多个选项卡间切换，如info（信息）选项卡和debug（调试）选项卡等。当info选项卡被选中时，将显示所选节点的文档；当debug选项卡被选中时，将显示节点概况、程序运行错误和警告等类型的信息。

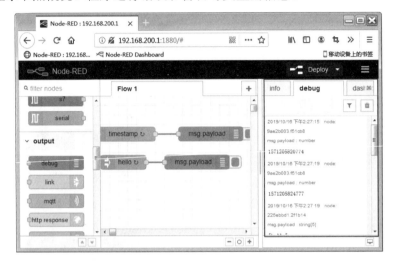

图3.9 调试信息区

3.3 编程语言

3.3.1 语言介绍

Node-RED是IBM公司开发的一个基于Node.js环境的可视化编程工具。它允许程序设计人员通过组合各部件节

※ Node-RED应用基础

点来编写应用程序。这些部件可以是硬件设备节点（如 Arduino）、Web API 节点（如 WebSocketin 和 WebSocketout）、功能函数节点（如 function 函数节点、range 函数节点）或者在线服务节点（如 E-mail 节点）。

Node-RED提供了基于网页浏览器的编程环境，通过拖放功能节点到工作区并用线连接各个节点（Node）来创建数据流，从而实现丰富功能的编程设计。完成程序设计后，可通过点击【Deploy】按钮实现一键保存并执行程序。Node-RED程序是以json字符串格式保存的，方便用户分享、修改。

3.3.2 基本概念

1. 数据流程（Flow）

数据流程（Flow）是Node-RED中最重要的概念之一。一个Flow流程就是一个Node-RED程序，它是由多个节点相互连接在一起形成数据的通信的集合。在Node-RED

的底层实现原理上，一个 Flow 流程通常是由一系列的 JavaScript 对象和若干个节点的配置信息组成，通过底层的 Node.js 环境再去执行 JavaScript 代码。

2. 节点（Node）

节点（Node）是构建 Flow 的最基本元素，也是真正进行数据通信处理的载体。当程序设计者将编写好的 Flow 流程运行起来的时候，节点的功能就是对从上游节点接收到的消息（Message）进行处理，并返回新的消息结果传递给下游节点，以实现后续的工作。一个 Node-RED 的节点包括一个 .js 文件和一个 .html 文件，分别完成对节点逻辑功能的实现和节点的样式设计。

3. 消息（Message）

消息（Message）是节点之间进行数据传输的对象，也是数据的载体。理论上，消息是一个 JavaScript 对象，它包含了对数据描述的所有属性。消息是 Node-RED 处理数据的最基本的数据结构，只有当节点被激活时消息才被处理，再加上所有节点都是相互独立的，这就保证了数据流程是互不影响并且是无状态的。

4. 连线（Wire）

连线（Wire）是构建数据流程和节点与节点的通信连接桥梁，Wire 是将节点的输出端连接到下一个节点的输入端，表示一个节点生成的消息的流向。

3.3.3 编程调试

编程调试主要由以下几个步骤组成：项目创建→程序编写→项目运行调试。

1. 项目创建

项目创建有两种方式，主要操作步骤见表 3.5。

表3.5 项目创建的主要操作步骤

序号	图片示例	操作步骤
1	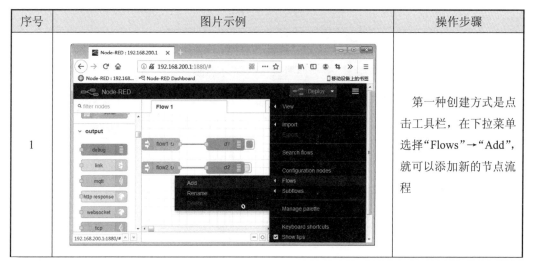	第一种创建方式是点击工具栏，在下拉菜单选择"Flows"→"Add"，就可以添加新的节点流程

续表3.5

序号	图片示例	操作步骤
2	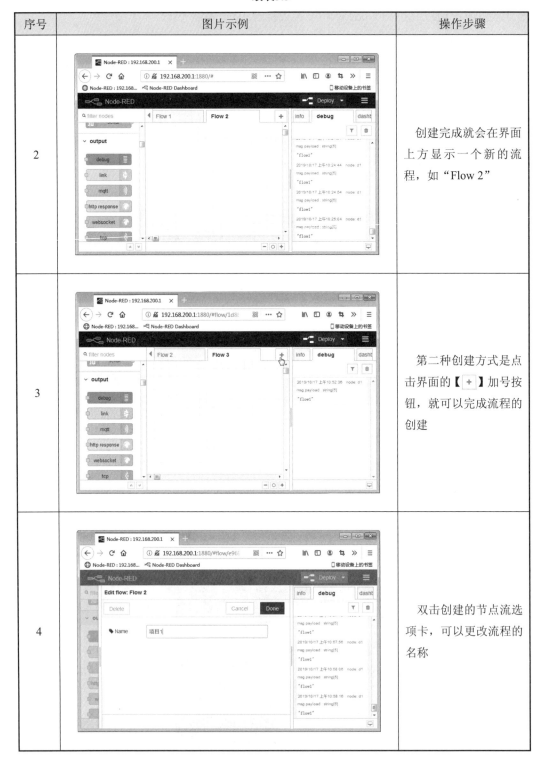	创建完成就会在界面上方显示一个新的流程，如"Flow 2"
3		第二种创建方式是点击界面的【+】加号按钮，就可以完成流程的创建
4		双击创建的节点流选项卡，可以更改流程的名称

2. 程序编写与项目运行调试

程序编写与项目运行调试的具体步骤，见表 3.6。

表3.6　程序编写与项目运行调试的具体操作步骤

序号	图片示例	操作步骤
1		在项目 1 中添加新的 inject 节点和 debug 节点
2		双击 inject 节点，将输出形式改为字符串，并且在"Payload"栏中输入字符串"Hello World"，"Repeat"栏中重复形式设置为每 5 s 重复一次
3		在项目 1 工作区内将 inject 节点与 debug 节点连线

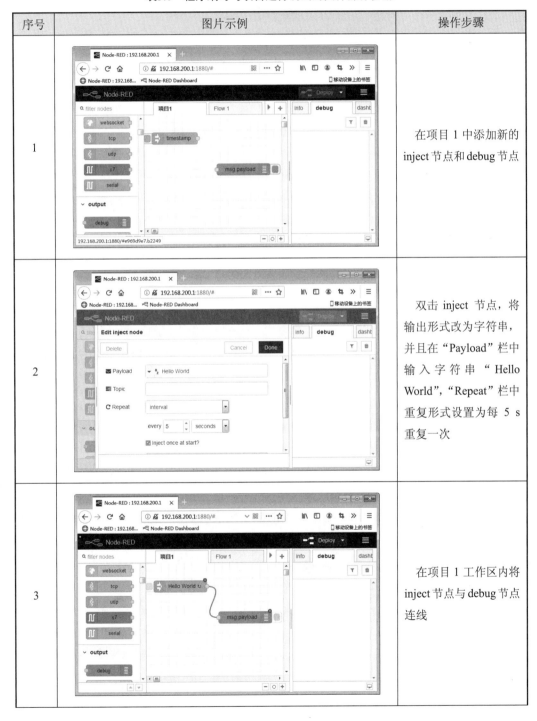

续表3.6

序号	图片示例	操作步骤
4		点击【Deploy】部署程序。 点击 inject 节点左侧的按钮,发送注入消息,然后就可以在调试区看到 debug 节点输出的信息

3.4 功能节点使用

本节将以 inject 节点和 debug 节点为例,说明这两个常用节点的属性的设置方法和节点使用方法。依此类推,用户可以通过本节的学习,了解到在 Node-RED 环境下功能节点的设置方式,了解图形化编程的特点。

3.4.1 inject 节点

inject 节点可将时间戳或用户配置的文本注入消息中。inject 节点可以启动带有特定载荷(Payload)的流,默认的载荷是时间戳。时间戳指的是从 1970 年 1 月 1 日到当前时间,经历了多少毫秒。该节点还支持注入字符串、数字、布尔值、JavaScript 对象或二进制流等类型的值。

默认情况下,通过单击 inject 节点左侧的按钮来手动触发消息注入。该节点也可以被设置为定期注入、根据时间表(在特定的时间段内)进行注入、在每次启动流时注入一次等方式。

1. 输入时间戳

输入时间戳的介绍与具体操作步骤,见表 3.7。

表3.7 输入时间戳的介绍与具体操作步骤

序号	图片示例	操作步骤
1	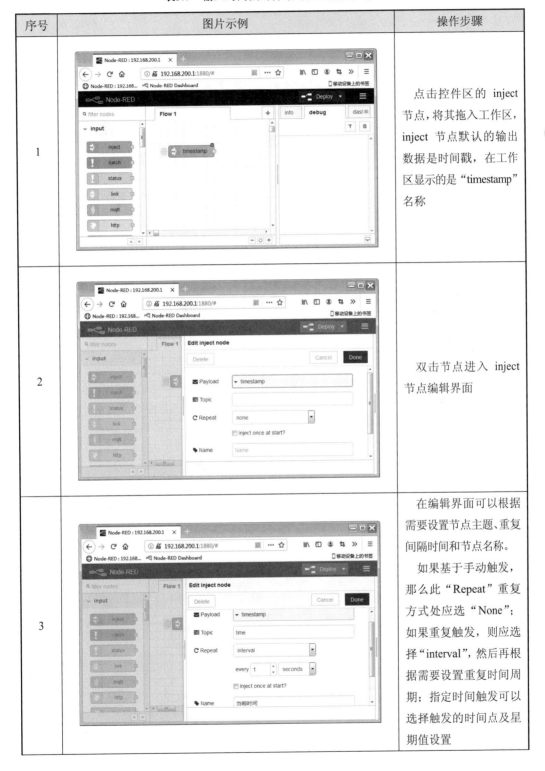	点击控件区的 inject 节点，将其拖入工作区，inject 节点默认的输出数据是时间戳，在工作区显示的是"timestamp"名称
2		双击节点进入 inject 节点编辑界面
3		在编辑界面可以根据需要设置节点主题、重复间隔时间和节点名称。如果基于手动触发，那么此"Repeat"重复方式处应选"None"；如果重复触发，则应选择"interval"，然后再根据需要设置重复时间周期；指定时间触发可以选择触发的时间点及星期值设置

续表3.7

序号	图片示例	操作步骤
4	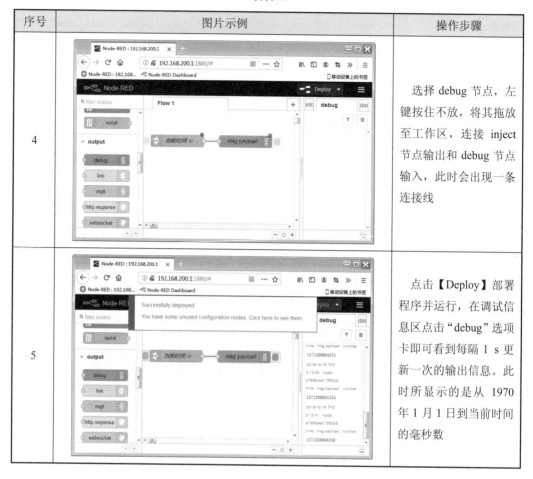	选择 debug 节点，左键按住不放，将其拖放至工作区，连接 inject 节点输出和 debug 节点输入，此时会出现一条连接线
5		点击【Deploy】部署程序并运行，在调试信息区点击"debug"选项卡即可看到每隔 1 s 更新一次的输出信息。此时所显示的是从 1970 年 1 月 1 日到当前时间的毫秒数

2. 输入字符串、输入数字

inject 节点也可以设置为输入字符串、输入数字，对其的介绍与具体操作步骤，见表3.8。

表3.8 输入字符串、输入数字的介绍与具体操作步骤

序号	图片示例	操作步骤
1		在之前的工程中双击 inject 节点，进入节点编辑界面，在"Payload"行选择"string"，为后续节点提供一个字符串信息

续表3.8

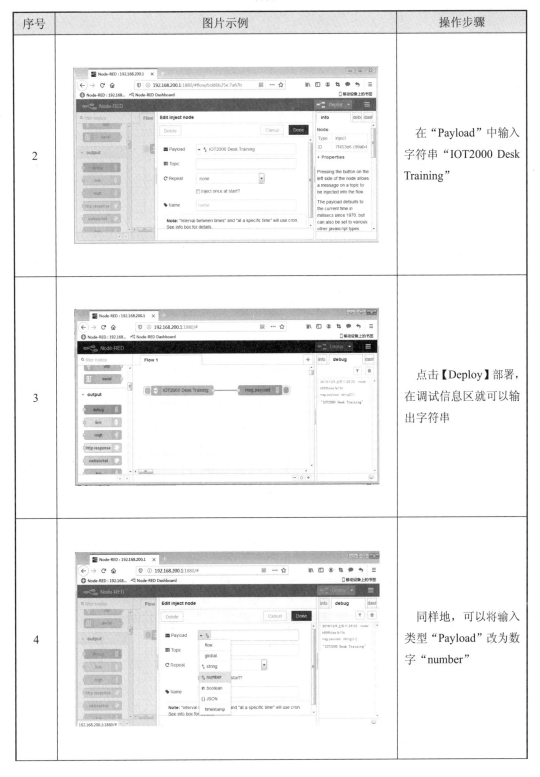

序号	图片示例	操作步骤
2		在"Payload"中输入字符串"IOT2000 Desk Training"
3		点击【Deploy】部署,在调试信息区就可以输出字符串
4		同样地,可以将输入类型"Payload"改为数字"number"

续表3.8

序号	图片示例	操作步骤
5		在"Payload"中输入需要输出的数字,比如,图示中所输入的数字"100"
6		点击【Deploy】部署,点击 inject 节点的触发按钮,在信息调试区就可以显示上一步输入的数字

3. Topic(主题)和 Name(名称)

主题和名称是为了给节点分类和命名,属于同一类型的节点都用相同的主题名,对于每个节点可以分别给它们命名,以示区分。节点的主题和名称相关具体操作步骤具体操作步骤见表 3.9。

表3.9 节点的主题和名称相关具体操作步骤

序号	图片示例	操作步骤
1		拖入新的 inject 节点,更改内容类型为"string","Payload"栏输入"node"内容

续表3.9

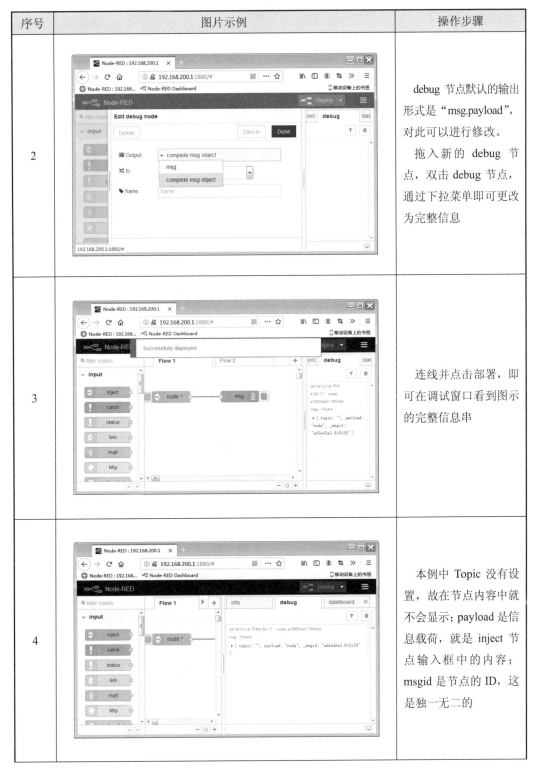

序号	图片示例	操作步骤
2		debug 节点默认的输出形式是"msg.payload",对此可以进行修改。 拖入新的 debug 节点,双击 debug 节点,通过下拉菜单即可更改为完整信息
3		连线并点击部署,即可在调试窗口看到图示的完整信息串
4		本例中 Topic 没有设置,故在节点内容中就不会显示;payload 是信息载荷,就是 inject 节点输入框中的内容;msgid 是节点的 ID,这是独一无二的

续表3.9

序号	图片示例	操作步骤
5	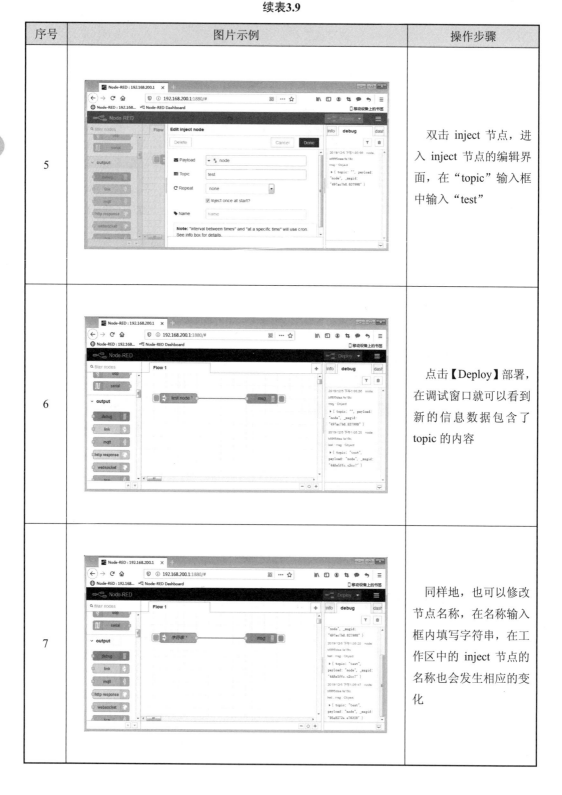	双击 inject 节点，进入 inject 节点的编辑界面，在"topic"输入框中输入"test"
6		点击【Deploy】部署，在调试窗口就可以看到新的信息数据包含了 topic 的内容
7		同样地，也可以修改节点名称，在名称输入框内填写字符串，在工作区中的 inject 节点的名称也会发生相应的变化

4. 重复发送

inject 节点可以设置重复发送的时间，具体操作步骤见表 3.10。

表3.10 重复发送的操作步骤

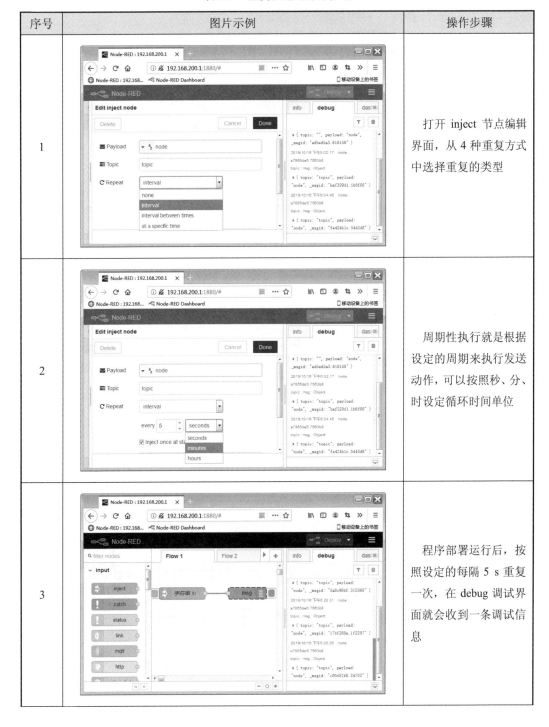

序号	图片示例	操作步骤
1		打开 inject 节点编辑界面，从 4 种重复方式中选择重复的类型
2		周期性执行就是根据设定的周期来执行发送动作，可以按照秒、分、时设定循环时间单位
3		程序部署运行后，按照设定的每隔 5 s 重复一次，在 debug 调试界面就会收到一条调试信息

续表3.10

序号	图片示例	操作步骤
4	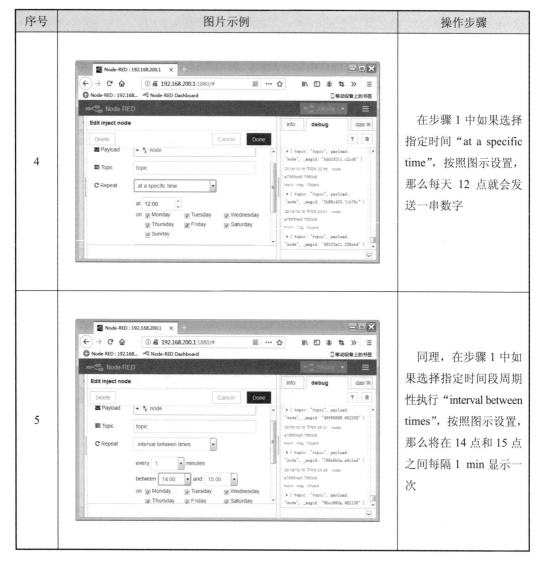	在步骤 1 中如果选择指定时间"at a specific time",按照图示设置,那么每天 12 点就会发送一串数字
5		同理,在步骤 1 中如果选择指定时间段周期性执行"interval between times",按照图示设置,那么将在 14 点和 15 点之间每隔 1 min 显示一次

3.4.2 debug 节点

debug 节点最主要的作用是打印出调试信息,方便程序的调试。在默认情况下,会显示消息的有效负载(Msg.payload)。

debug 节点主要特点包括:

(1)点击信息切换显示,可显示 ASCⅡ码、十进制、十六进制。

(2)对于 buffer 或数组输入,可展开显示内部数据。

(3)可选择输出内容的显示形式。

(4)可显示数据信息的具体时间。

debug 节点控件的具体操作步骤见表 3.11。

表3.11　debug节点控件的具体操作步骤

序号	图片示例	操作步骤
1	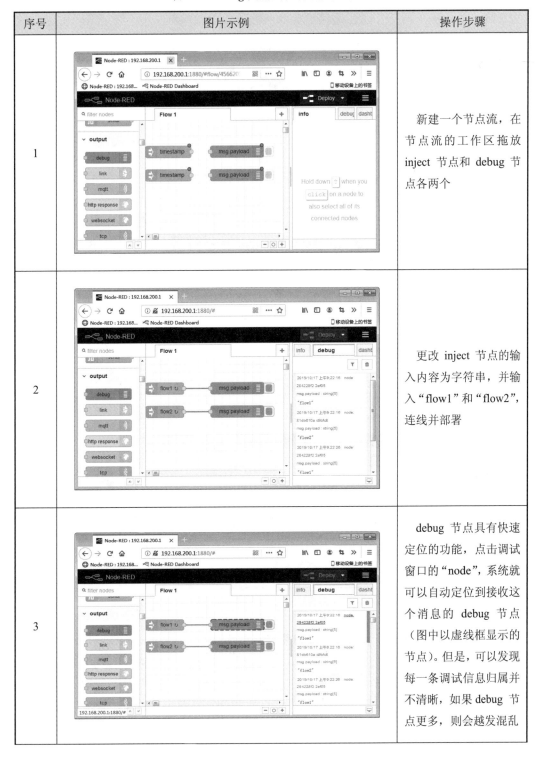	新建一个节点流，在节点流的工作区拖放 inject 节点和 debug 节点各两个
2		更改 inject 节点的输入内容为字符串，并输入 "flow1" 和 "flow2"，连线并部署
3		debug 节点具有快速定位的功能，点击调试窗口的 "node"，系统就可以自动定位到接收这个消息的 debug 节点（图中以虚线框显示的节点）。但是，可以发现每一条调试信息归属并不清晰，如果 debug 节点更多，则会越发混乱

续表3.11

序号	图片示例	操作步骤
4	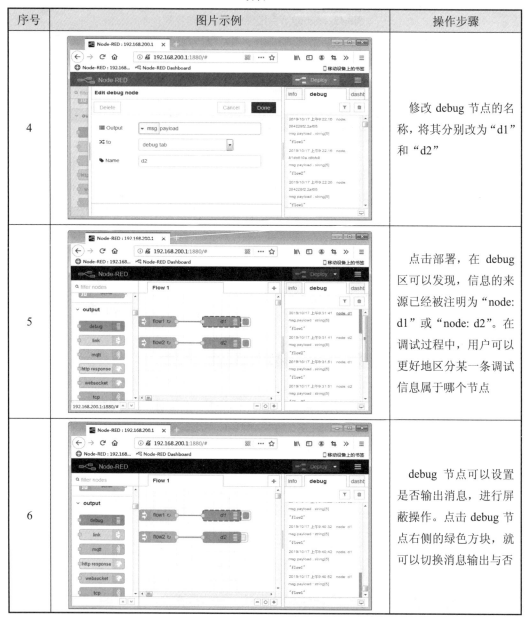	修改 debug 节点的名称,将其分别改为"d1"和"d2"
5		点击部署,在 debug 区可以发现,信息的来源已经被注明为"node: d1"或"node: d2"。在调试过程中,用户可以更好地区分某一条调试信息属于哪个节点
6		debug 节点可以设置是否输出消息,进行屏蔽操作。点击 debug 节点右侧的绿色方块,就可以切换消息输出与否

3.4.3 节点应用总结

从 inject 节点和 debug 节点的配置和使用过程可以看出,Node-RED 图形化编程中节点是实现程序功能的重要部分。通过对话框式的节点功能配置,即可实现不同的节点功能,极大简化了编程的复杂度。用户不需要学习专门的编程语法或具备专业的程序设计能力,就可以在智能网关上完成应用程序的设计和开发,对于工业应用领域的工程师来说,可以将更多的精力用在工业控制业务流程上,而不是 IT 层的程序设计,这无疑为 IT(信息系统)、OT(运营系统)融合提供了一个很好的解决方案。

第二部分 项目应用

第 4 章 基于智能网关的基础编程项目

4.1 项目目的

※ 智能网关的基础编程项目目的

4.1.1 项目背景

智能网关是一种集成了多种互联网通信技术，面向工业领域应用的通信终端产品。它提供了多种互联网接入方式，可以适应各种网络应用环境，为设备的信息化管理提供了高速的数据通道和安全可靠的通信基础。

一般情况下，为了满足不同应用场合的需求，需要对智能网关进行进一步的配置和开发。目前，智能网关的编程开发一般可以分为两种形式：一种是图形化编程，如使用 Node-RED 编程开发环境；另一种是使用专门的编程语言，如 C、Python 等编程语言。采用专用编程语言进行编程，具有很大的灵活性，但是要求工程师要具有一定的编程基础，难以迅速实现应用功能。采用图形化编程方式，具有直观易懂、上手容易、开放性好等特点，且能够满足大多数的应用场景需求。

Node-RED 是一种典型的图形化编程环境，其采用全新的编程工具，以直观的图形化方式将各种组件（节点），如硬件设备、API、在线服务等，连接在一起。Node-RED 提供了一种基于网页浏览器的程序设计界面，具有良好的兼容性与可移植性，可以基于丰富的功能节点连接成所需的功能流程，快速实现项目部署。

4.1.2 项目目的

（1）熟悉 Node-RED 图形化编程的基础操作。

（2）学习 Node-RED 函数（Function）功能节点的使用。

(3)掌握 Node-RED 的基本编程设计调试。

4.1.3 项目内容

本项目利用 inject 节点作为数据源,经过 random 节点处理后产生随机数。通过使用 switch 节点和 function 节点对随机数进行判断和处理,最后以 debug 节点显示出调试信息。通过以上案例流程,使用户掌握多种功能节点的使用方法,并验证编程设计的正确性。

4.2 项目分析

4.2.1 项目架构

本项目是基于桌面型(Desk Training)工业互联网智能网关教学平台的基础入门编程项目。使用计算机通过工业交换机与 SIMATIC IOT2040 智能网关模块进行连接。项目架构图如图 4.1 所示。

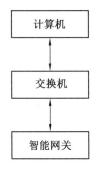

图 4.1 项目架构图

4.2.2 项目流程

为了实现基本的 Node-RED 项目编程与调试,需要遵循一定的项目流程,以实现所需的功能。本项目的项目流程图如图 4.2 所示。

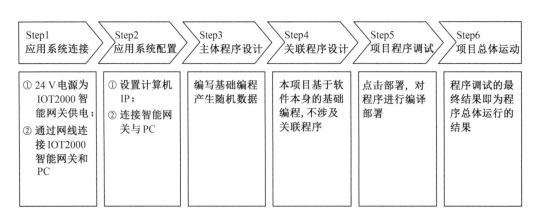

图 4.2 项目流程图

4.3 项目要点

在本项目中,涉及 function 节点、switch 节点、random 节点的综合应用。通过本小节的学习以分别掌握这三个节点的功能特点及应用方法。

※ 智能网关的基础编程项目要点

4.3.1 function 节点

在 Node-RED 中,function 节点是能够进行自定义函数编写并运行的功能节点。自定义函数的功能实现,是用户基于 JavaScript 语言进行编程,对所接收的消息进行相关处理后,进行输出或者其他显示等操作。

function 节点的输入是 msg,被称为消息,它是作为 JavaScript 对象传入,msg 的属性值(Msg.payload)包含有效的消息内容。function 节点处理完成后,可以返回一个或多个消息对象。

用户可以使用 function 节点,通过编程的方式实现所需的功能。本例通过 function 节点的使用分别对文本和数字进行函数处理。函数控件用法说明具体内容见表 4.1。

表 4.1 函数控件用法说明

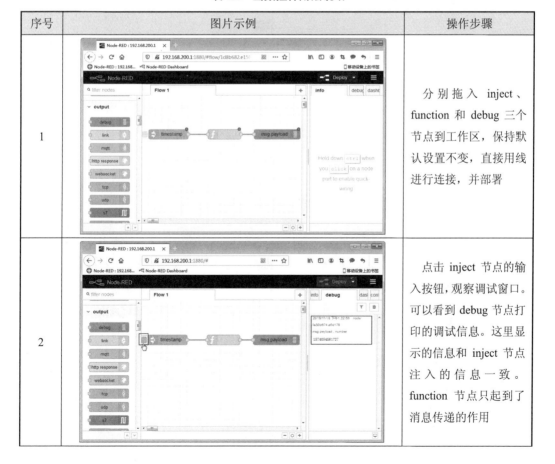

序号	图片示例	操作步骤
1		分别拖入 inject、function 和 debug 三个节点到工作区,保持默认设置不变,直接用线进行连接,并部署
2		点击 inject 节点的输入按钮,观察调试窗口。可以看到 debug 节点打印的调试信息。这里显示的信息和 inject 节点注入的信息一致。function 节点只起到了消息传递的作用

续表 4.1

序号	图片示例	操作步骤
3		双击函数节点，可以看到函数节点的函数代码为"return msg;"，直接返回所接收的消息
4		将"return msg;"更改为"return null;"，部署程序后，点击 inject 节点输入按钮，则在调试窗口不会输出任何消息。用户可自行检验效果
5		通过设置"Outputs"处的数值，function 节点还可以用来调整输出路径数量

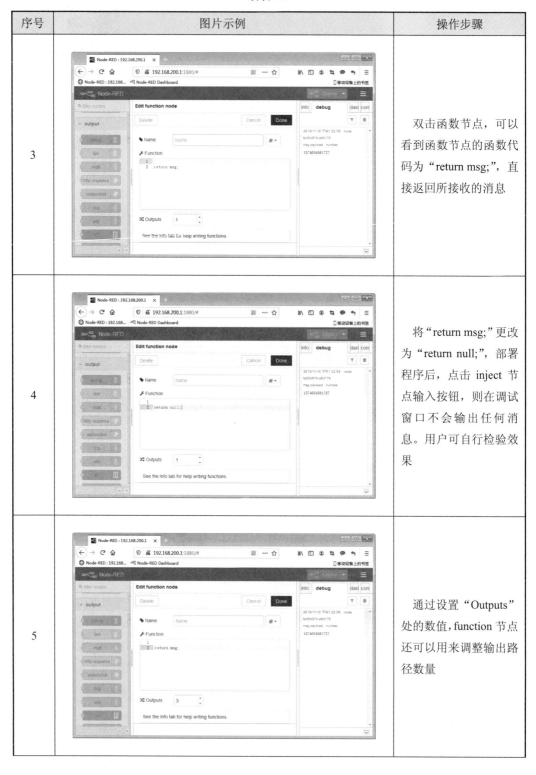

续表 4.1

序号	图片示例	操作步骤
6		为了实现数学相关的函数运算，可双击 inject 节点，把输入的内容改为数字"1234"
7		双击 function 节点，在代码编辑区，新建一个名为"newMsg"的对象，设置其 payload 属性值为"msg.payload*2"，并返回结果输出
8		部署并运行程序，可以在调试窗口看到运算结果为"2468"，说明 function 节点功能正确实现

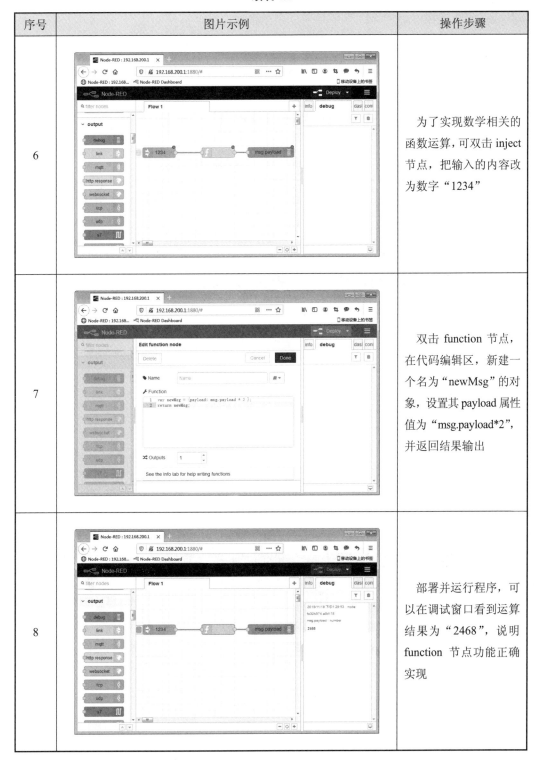

通过上面的例程可以看出，function 节点提供了一种非常灵活的、用户可自定义的编程方式，能够根据应用需求，对消息进行各种灵活的函数处理。

4.3.2 switch 节点

switch 本意是"开关""转换"。Node-RED 里使用 switch 节点进行数据流流向切换，switch 节点可以根据消息的"topic""payload"或者其他属性来判断消息数据应该发送给哪一个出口。switch 节点操作说明见表 4.2。本例程中，将通过 switch 节点对数字和节点主题进行判断选择。

表 4.2 switch 节点操作说明

序号	图片示例	操作步骤
1	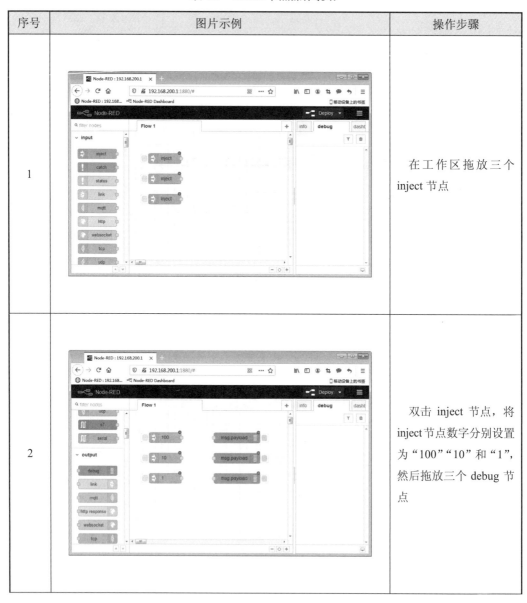	在工作区拖放三个 inject 节点
2		双击 inject 节点，将 inject 节点数字分别设置为"100""10"和"1"，然后拖放三个 debug 节点

续表 4.2

序号	图片示例	操作步骤
3		将 debug 节点的名称分别修改为"OUT1","OUT2"和"OUT3"。从控件区拖放一个 switch 节点
4		双击 switch 节点,进入节点编辑界面,修改名称(Name)和通道数
5		对判断条件和阈值进行调整。正常运行时,节点将根据所设置的条件进行判断,以选择从 1~3 号端口进行输出

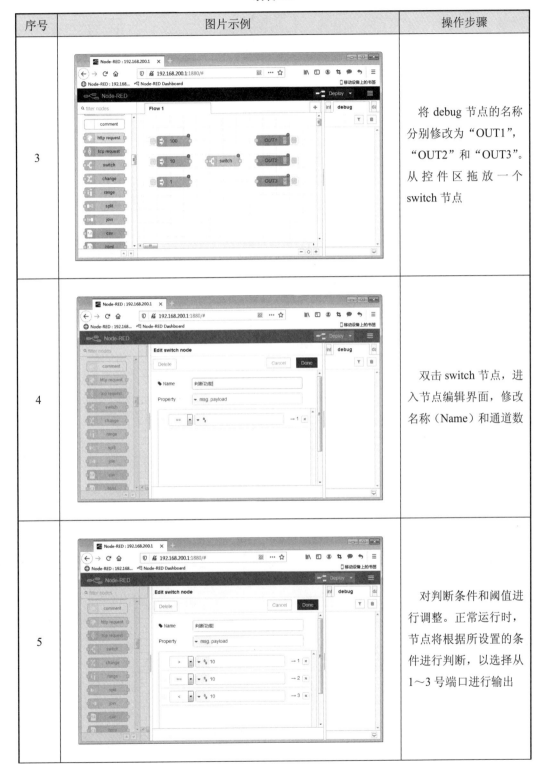

续表 4.2

序号	图片示例	操作步骤
6		配置完成各个节点后，switch 节点的输出变为 3 个，从上到下分别是输出 1、输出 2 与输出 3
7		连线并部署程序
8		分别点击 3 个 inject 节点的输入按钮。可以在调试窗口观察到输出信息。在调试窗口中的"node:"后所显示的 OUTn，即代表该结果是从哪个通道输出的

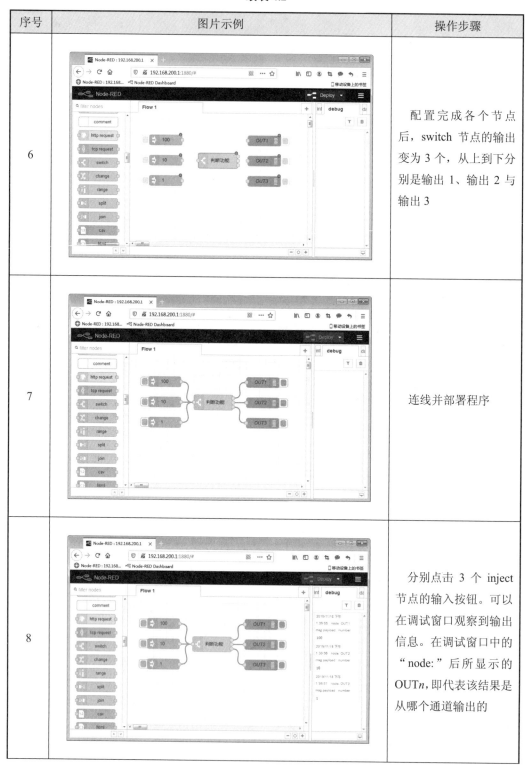

续表 4.2

序号	图片示例	操作步骤
9	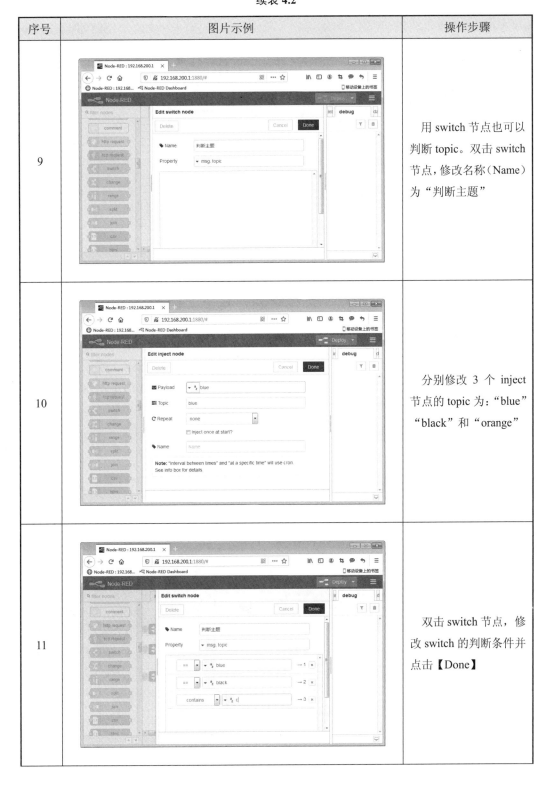	用 switch 节点也可以判断 topic。双击 switch 节点，修改名称（Name）为"判断主题"
10		分别修改 3 个 inject 节点的 topic 为："blue" "black" 和 "orange"
11		双击 switch 节点，修改 switch 的判断条件并点击【Done】

续表 4.2

序号	图片示例	操作步骤
12		完成连线并部署
13		点击"black"inject 节点的输入按钮，OUT2 和 OUT3 都会收到数据，因为条件 3 是包含字母"c"，所以满足条件
14		如果只想满足条件 1 以后就不再判断条件 3，可以选择"stopping after first match"，即接收第一条匹配消息后停止判断

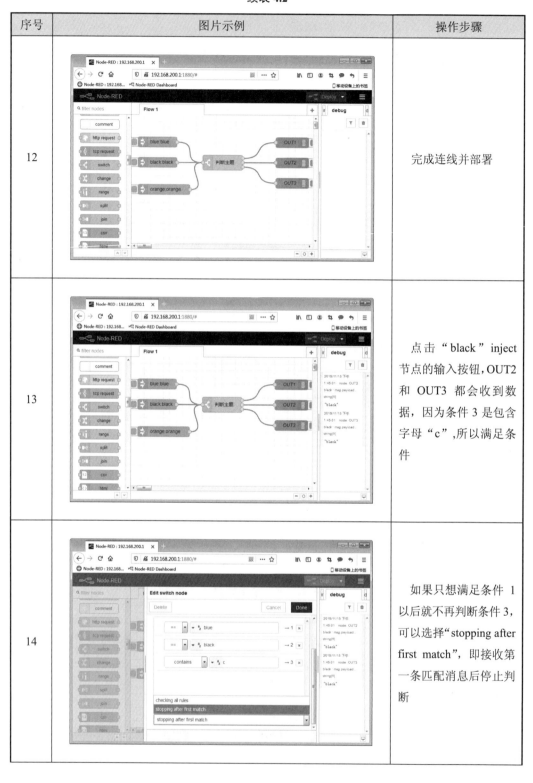

续表 4.2

序号	图片示例	操作步骤
15	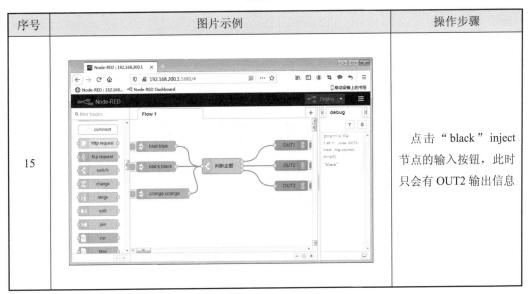	点击"black"inject 节点的输入按钮,此时只会有 OUT2 输出信息

4.3.3 random 节点

在 Node-RED 中,random 节点是在触发时用于生成随机数的一种功能节点。对该节点的操作步骤见表 4.3。

表 4.3 random 节点操作步骤

序号	图片示例	操作步骤
1	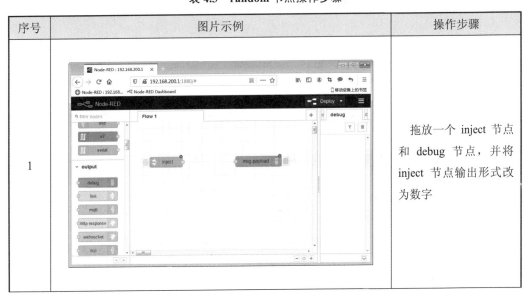	拖放一个 inject 节点和 debug 节点,并将 inject 节点输出形式改为数字

续表 4.3

序号	图片示例	操作步骤
2	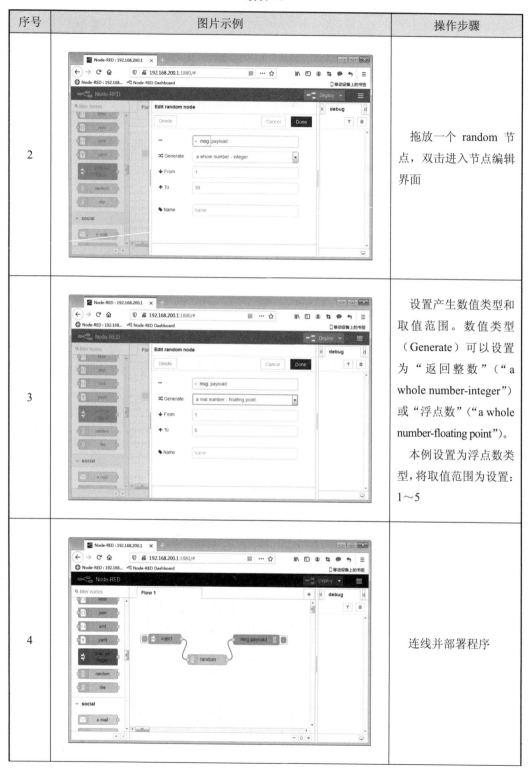	拖放一个 random 节点，双击进入节点编辑界面
3		设置产生数值类型和取值范围。数值类型（Generate）可以设置为"返回整数"（"a whole number-integer"）或"浮点数"（"a whole number-floating point"）。本例设置为浮点数类型，将取值范围为设置：1~5
4		连线并部署程序

续表 4.3

序号	图片示例	操作步骤
5		点击 inject 节点的输入按钮，在调试区就可以看到随机产生的浮点数输出结果

4.4 项目步骤

4.4.1 应用系统连接

※ 智能网关的基础编程项目步骤

应用系统主要组成包括 SIMATIC IOT2040 智能网关、计算机（PC）、工业级交换机，通过以太网线完成系统连接，应用系统连接示意图如图 4.3 所示。

图 4.3　应用系统连接示意图

4.4.2 应用系统配置

主要针对计算机 IP 地址和 SIMATIC IOT2040 软件启动模式进行配置。将计算机的 IP 地址和 IOT2040 智能网关 LAN X1P1 接口的 IP 地址配置到一网段。然后使用 PuTTY 软件配置智能网关为自动启动模式。具体操作步骤见 3.1.2 节中关于"网关的初始化设置"部分的内容，此处不再赘述。

4.4.3 主体程序设计

主体程序是利用 Node-RED 节点完成数据处理设计，主体程序设计具体操作见表 4.4。

表 4.4　主体程序设计

序号	图片示例	操作步骤
1		拖放两个 inject 节点，将输出类型改为数字，重复类型（Repeat）改为 5 s 循环一次，节点名称分别改为"input1"和"input2"
2		拖放一个 random 节点，选择返回值（Generate）为整数，范围为设置为"1～10"，名称（Name）改为"整数随机数"

续表 4.4

序号	图片示例	操作步骤
3		拖放一个 random 节点，返回值（Generate）为浮点型，范围为 1～10，名称（Name）改为"浮点型随机数"
4		拖放两个 switch 节点，判断随机数是否小于等于 5：条件满足从 1 号端口输出，否则从 2 号端输出
5		拖放两个 debug 节点，分别命名"OUT1"和"OUT2"

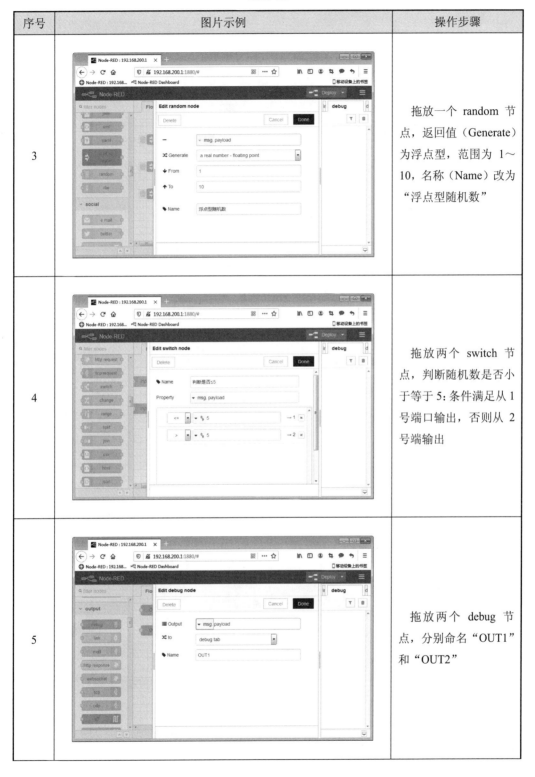

续表 4.4

序号	图片示例	操作步骤
6	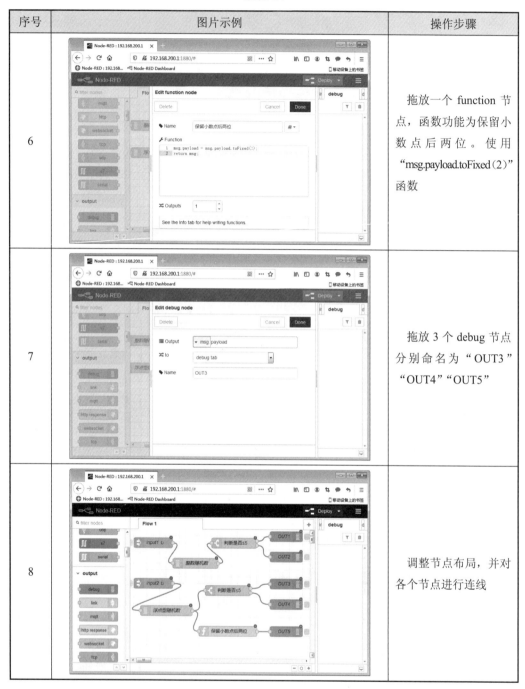	拖放一个 function 节点，函数功能为保留小数点后两位。使用"msg.payload.toFixed（2）"函数
7		拖放 3 个 debug 节点分别命名为"OUT3""OUT4""OUT5"
8		调整节点布局，并对各个节点进行连线

4.4.4 关联程序设计

本项目只是基于 Node-RED 的基础入门编程，未涉及周边软硬件平台的使用，所以无相关的关联程序设计环节。

4.4.5 项目程序调试

在确认程序中各节点正确设置和连线后，可以进行程序调试，项目程序调试详细操作步骤见表 4.5。

表 4.5　项目程序调试

序号	图片示例	操作步骤
1	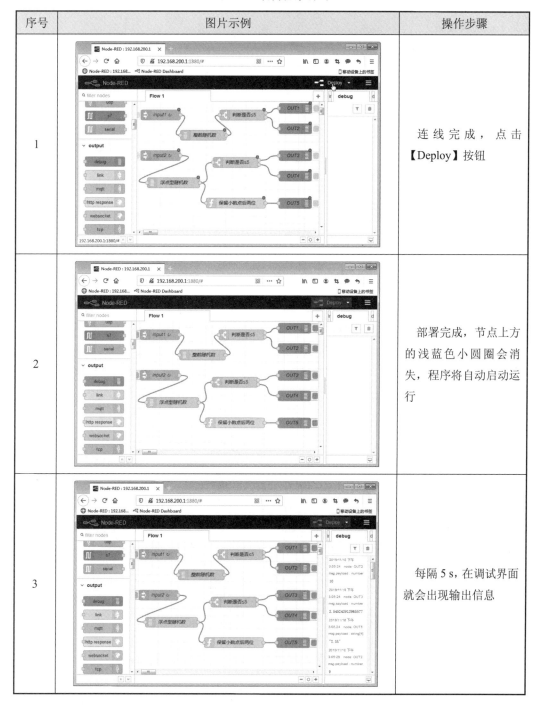	连线完成，点击【Deploy】按钮
2		部署完成，节点上方的浅蓝色小圆圈会消失，程序将自动启动运行
3		每隔 5 s，在调试界面就会出现输出信息

4.4.6 项目总体运行

本项目程序调试的最终结果即为项目总体运行的结果,因此不再赘述。

4.5 项目验证

4.5.1 效果验证

效果验证流程如图 4.4 所示。可根据 OUT1~OUT5 的输出情况,判断逻辑设置是否正确。

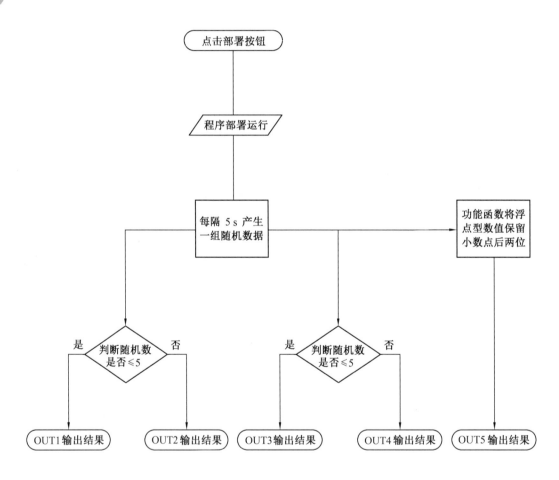

图 4.4 效果验证流程

4.5.2 数据验证

根据输出的数值情况,验证程序设置是否正确。数据验证见表 4.6。

表 4.6　数据验证

序号	图片示例	操作步骤
1	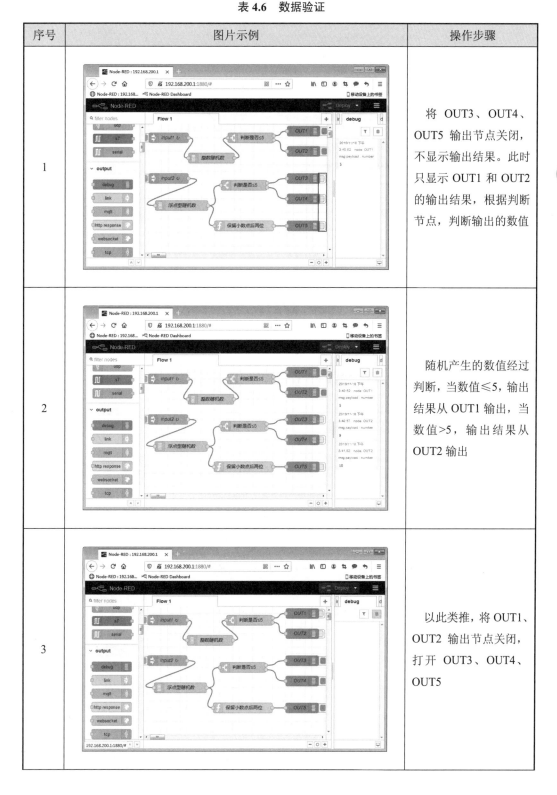	将 OUT3、OUT4、OUT5 输出节点关闭，不显示输出结果。此时只显示 OUT1 和 OUT2 的输出结果，根据判断节点，判断输出的数值
2		随机产生的数值经过判断，当数值≤5，输出结果从 OUT1 输出，当数值>5，输出结果从 OUT2 输出
3		以此类推，将 OUT1、OUT2 输出节点关闭，打开 OUT3、OUT4、OUT5

续表 4.6

序号	图片示例	操作步骤
4	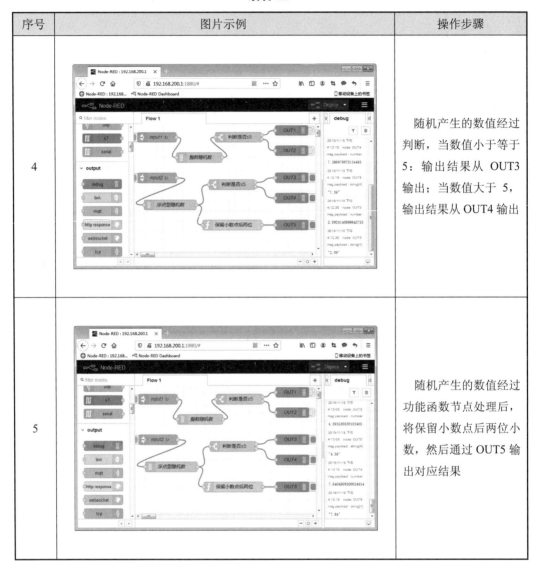	随机产生的数值经过判断，当数值小于等于5：输出结果从 OUT3 输出；当数值大于 5，输出结果从 OUT4 输出
5		随机产生的数值经过功能函数节点处理后，将保留小数点后两位小数，然后通过 OUT5 输出对应结果

4.6 项目总结

4.6.1 项目评价

项目评价表见表 4.7。通过对整个项目的练习，评价对 Node-RED 功能节点的掌握情况。

表 4.7 项目评价表

项目指标		分值	自评	互评	评分说明
项目分析	1. 硬件架构分析	6			
	2. 项目流程分析	6			
项目要点	1. function 节点	8			
	2. switch 节点	8			
	3. random 节点	8			
项目步骤	1. 应用系统连接	9			
	2. 应用系统配置	9			
	3. 主体程序设计	9			
	4. 关联程序设计	9			
	5. 项目程序调试	9			
	6. 项目运行调试	9			
项目验证	1. 效果验证	5			
	2. 数据验证	5			
合计		100			

4.6.2 项目拓展

本项目介绍了基本功能函数节点的一些使用方法，此外 Node-RED 还提供了很多内置的其他功能节点。例如，在流程 2 中用功能函数调用另外一个流程的内容，实现子流程调用功能；用 delay 函数产生随机时间延时等。用户可以自由开发、探索，具体内容根据需求进行拓展。

第5章 基于智能网关的可视化编程项目

5.1 项目目的

※ 智能网关的可视化编程项目目的

5.1.1 项目背景

通过工业智能网关采集的海量原始工业数据,对于分析设备运行状况、生产工作状态等指标不具有直观性,所以往往需要对采集的数据进行二次处理。其中数据可视化就是一种基本的处理与显示方式。

数据可视化是通过使用可视化屏幕来展现和分析各类庞杂数据的一种方式。Node-RED 提供的图形化的编程组态方式,即使是非专业的工程师也能够轻松搭建专业水准的可视化应用程序,满足数据展示、业务监控、风险预警、地理信息分析等多种业务的可视化需求,让使用、决策人员能够直观地看到数据的变化情况。相比于传统图表与机械仪表盘,数据可视化技术致力于用更生动、友好的形式,即时呈现隐藏在瞬息万变且庞杂的数据背后的变化规律,所以其逐渐成为工业互联网解决方案中不可或缺的一环。

5.1.2 项目目的

(1)掌握 Node-RED 的 dashboard 编程设计。

(2)掌握 Node-RED 的可视化界面设计。

(3)掌握 Node-RED 的可视化界面布局调试。

5.1.3 项目内容

本项目的主要内容是利用 inject 节点产生数据源,经过 random 功能节点进行处理产生随机数,最后利用 dashboard 图表节点以多种表现方式对所采集的随机数据进行可视化显示。数据可视化处理流程如图 5.1 所示。

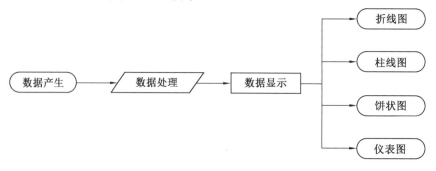

图 5.1 数据可视化处理流程图

5.2 项目分析

5.2.1 项目架构

本项目是基于桌面型（Desk Training）工业互联网智能网关教学平台的可视化编程项目。使用计算机通过工业交换机与 SIMATIC IOT2040 智能网关模块进行连接。项目架构图如图 5.2 所示。

图 5.2　项目架构图

5.2.2 项目流程

为了实现基本的 Node-RED 项目编程、调试与可视化界面的设计，需要遵循一定的项目流程顺序，以实现所需的功能。本项目的项目流程如图 5.3 所示。

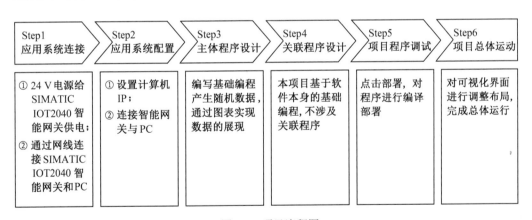

图 5.3　项目流程图

5.3 项目要点

5.3.1 dashboard 功能介绍

dashboard 意为"画板"，是 Node-RED 为用户提供

※ 智能网关的可视化编程项目要点

的一种自由设计的数据可视化显示功能组件。dashboard 功能提供了一系列的界面显示方式，如图形、仪表盘、按键、滑动条、文字输入输出界面等，可根据不同应用场景选择多种方式展现所监测的数据（图 5.4）。而 dashboard 所提供的 template 节点，更是可以让开发者自定义 UI 样式。

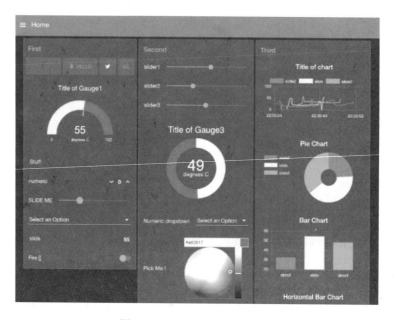

图 5.4　Dashboard 可视化界面

dashboard 可以设计多个页面（Tab）来呈现丰富的需要展示的数据信息，每一个选项卡又可以分成多个群组（Group）。Tab 可以理解为页面，Group 是页面下的分组，一个页面里可以有多个分组，从而实现布局合理、功能分类等目的。dashboard 通过设置 Tab 和 Group 属性，完成界面整体布局和规划。每个组的元素默认宽度是 6 个单位，每个单位默认宽度是 48 像素，间距为 6 像素。Node-RED 可以根据页面的大小动态调整分组的位置，Dashboard 的页面与组如图 5.5 所示。

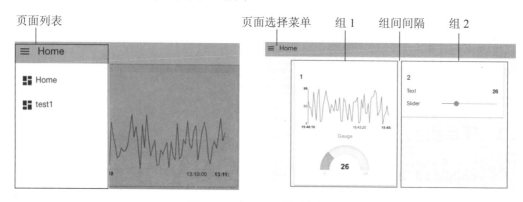

图 5.5　Dashboard 的页面与组

默认情况下，需要对 Node-RED 扩展安装"Node-RED Dashboard"控件模块，用户才能在左侧的控件区使用 dashboard 的各种节点。

5.3.2 dashboard 节点安装

基于 SIMAITC IOT2040 智能网关进行 dashboard 控件模块安装，首先将需要 SIMAITC IOT2040 的 LAN X2P1 接口连接网络，以便从网络下载控件模块。然后将 SIMAITCIOT2040 的 LAN X1P1 接口连接至计算机的网络接口，进行配置和调整。连接示意图如图 5.6 所示。

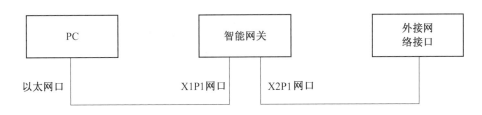

图 5.6　连接示意图

在计算机和 SIMAITC IOT2040 智能网关完成硬件连接和基础配置后，就可以通过计算机访问到 SIMAITC IOT2040 的 Node-RED 编程环境，此过程不再赘述。

下面将进一步介绍如何安装 Node-RED Dashboard 控件模块，具体操作步骤见表 5.1。

表 5.1　**Node-RED Dashboard 控件模块安装步骤**

序号	图片示例	操作步骤
1		打开浏览器在浏览器输入 http://192.168.200.1:1880

续表 5.1

序号	图片示例	操作步骤
2		点击工具栏，选择【Manage palette】，对节点进行管理
3		出现节点管理栏后，点击"Install"选项卡
4		在搜索栏输入需要安装的"dashboard"节点，找到所需版本的节点，点击右下角的【install】按钮进行节点安装

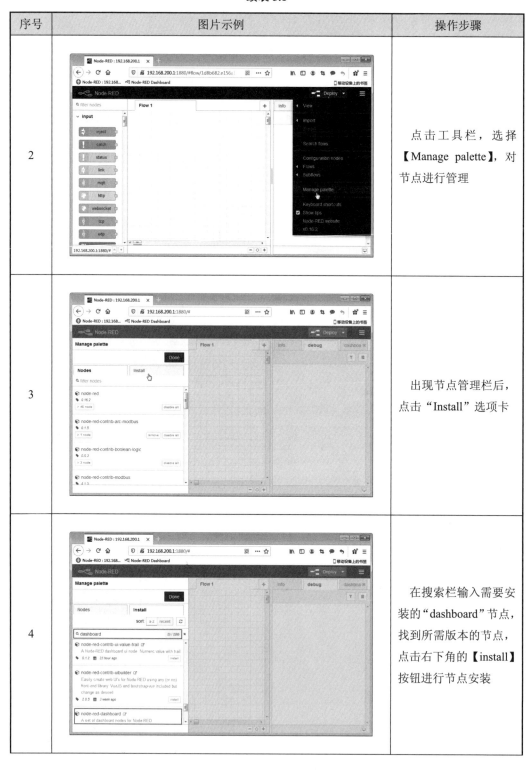

续表 5.1

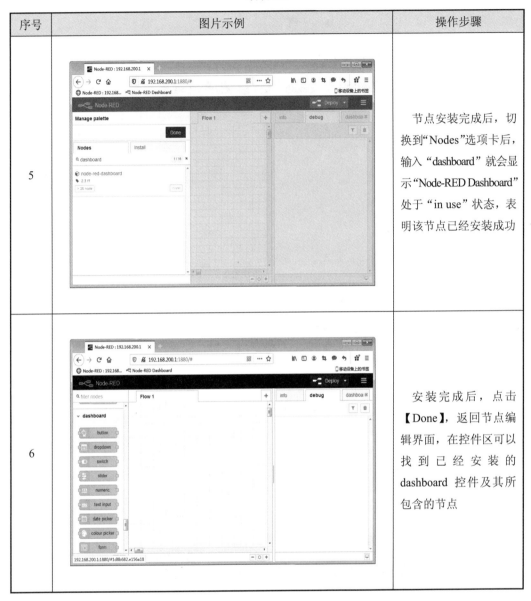

序号	图片示例	操作步骤
5		节点安装完成后，切换到"Nodes"选项卡后，输入"dashboard"就会显示"Node-RED Dashboard"处于"in use"状态，表明该节点已经安装成功
6		安装完成后，点击【Done】，返回节点编辑界面，在控件区可以找到已经安装的dashboard控件及其所包含的节点

5.3.3　dashboard 节点布局

在进行可视化编程设计时，首先需要对页面数量、展示功能等进行规划，以实现丰富的信息显示和良好的界面布局，为每个界面的详细功能设计奠定基础。

dashboard 提供了一种选择式的页面规划功能，可以方便地进行整体页面规划和布局，具体操作步骤见表 5.2。

表 5.2　dashboard 整体布局操作步骤

序号	图片示例	操作步骤
1	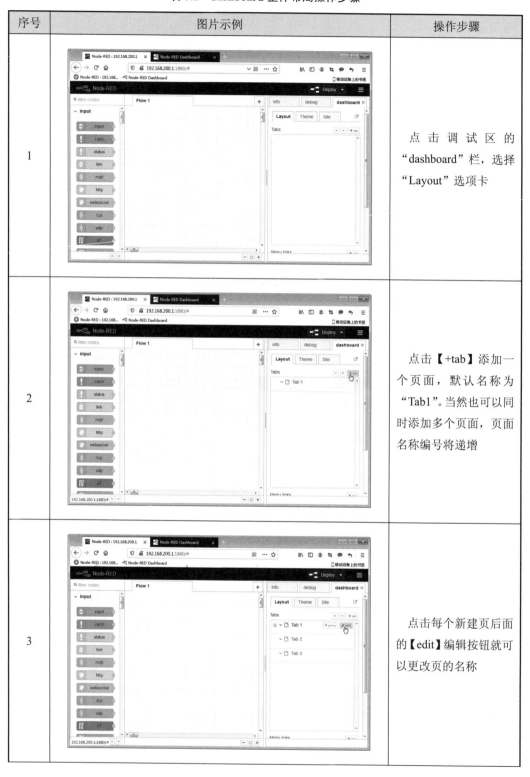	点击调试区的"dashboard"栏，选择"Layout"选项卡
2		点击【+tab】添加一个页面，默认名称为"Tab1"。当然也可以同时添加多个页面，页面名称编号将递增
3		点击每个新建页后面的【edit】编辑按钮就可以更改页的名称

续表 5.2

序号	图片示例	操作步骤
4	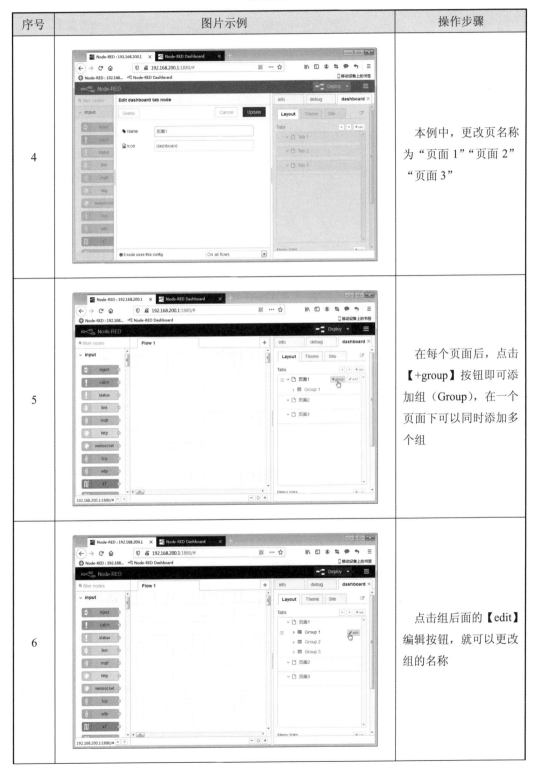	本例中，更改页名称为"页面1""页面2""页面3"
5		在每个页面后，点击【+group】按钮即可添加组（Group），在一个页面下可以同时添加多个组
6		点击组后面的【edit】编辑按钮，就可以更改组的名称

续表 5.2

序号	图片示例	操作步骤
7		本例中，更改页面 1 和页面 2 下面的组名称为"组 1""组 2""组 3"
8		从左侧控件区，拖放两个"Gauge"节点至工作区。 分别双击节点进行配置，在"Group"栏选择"组 1[页面 1]"和"组 1[页面 2]"，即这两个控件将分别显示于页面 1 下的组 1 和页面 2 下的组 1 区域
9		点击【Deploy】按钮进行程序部署

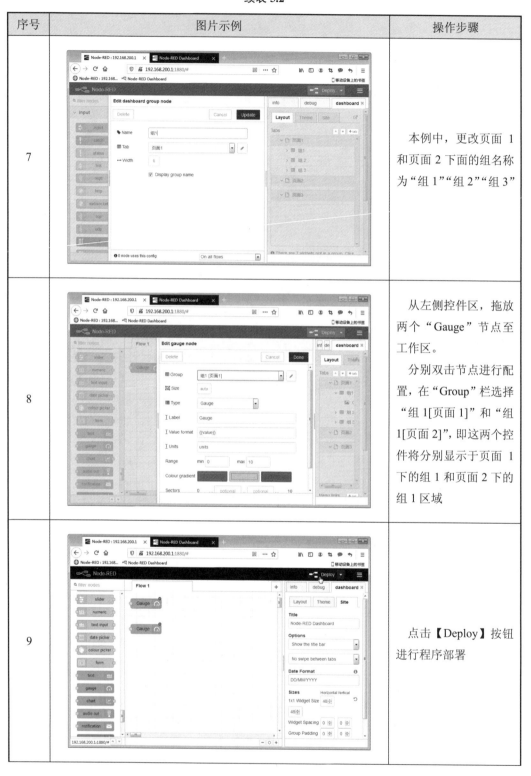

续表 5.2

序号	图片示例	操作步骤
10		在浏览器上新建一个页面，在地址栏输入"192.168.200.1:1880/ui"即可转到可视化界面
11		点击页面列表按钮，可以选择需要显示的页
12		点击"dashboard"选项卡下的"Theme"栏

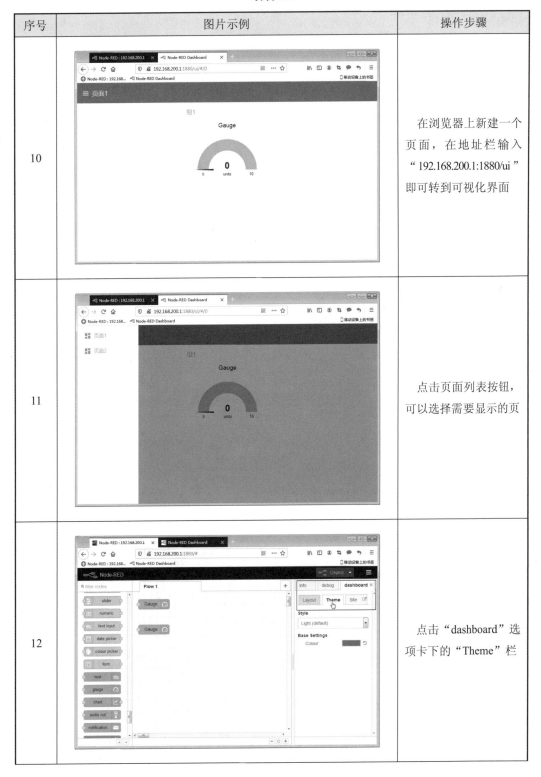

续表 5.2

序号	图片示例	操作步骤
13		在 Theme 栏可以更改页面显示的样式、背景等，用户也可以自定义显示式样
14		用户自定义式样可以设置背景颜色、字体颜色、边框颜色等
15		点击"dashboard"下的"Site"栏

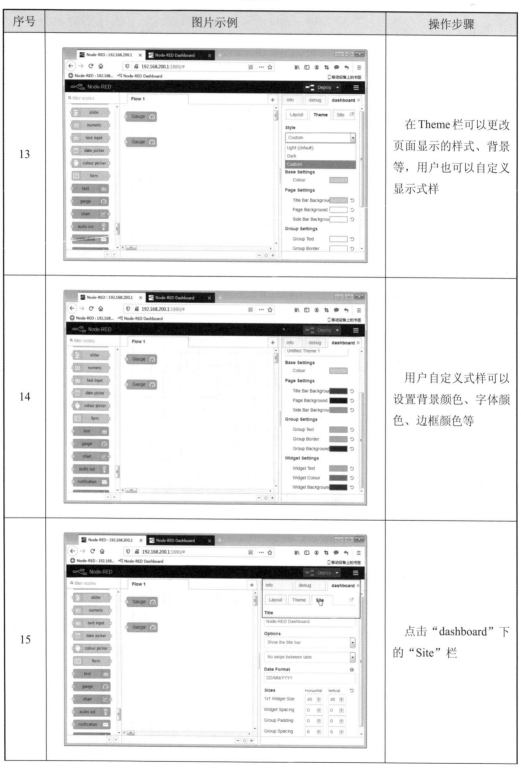

续表 5.2

序号	图片示例	操作步骤
16		可以设置是否显示标题栏、标签页，并能够对控件和组进行尺寸设置调整。此处"Options"分别设置为"Show the title bar"和"Allow swipe between tabs"，尺寸不做调整
17		重新部署程序后，就能够实现类似于手机的左右滑屏样式

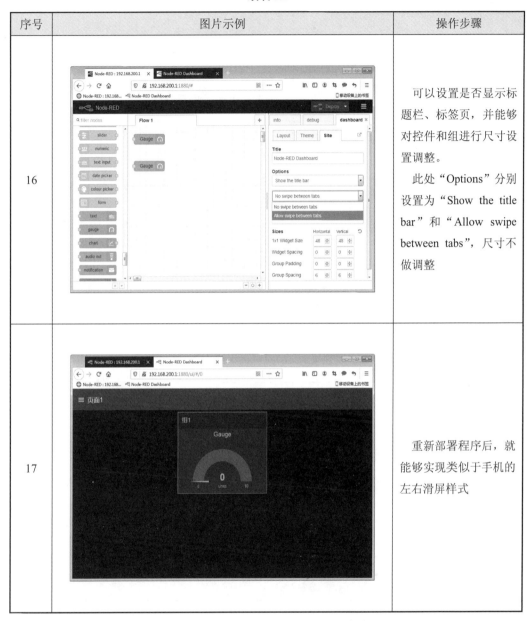

5.3.4 dashboard 节点应用

dashboard 控件的功能节点主要可以分为两种：一种是输入型，功能类似于 inject 节点，用于生成 msg 消息；另一种是显示型，也可以称为输出型，类似于 debug 节点，用于图形化展示一些数据。表 5.3 展示了一些常用的 dashboard 节点。

表 5.3 常用的 dashboard 节点

名称	节点图示	功能说明
button	 button	按钮节点，可以点击，发送一个 msg 消息
dropdown	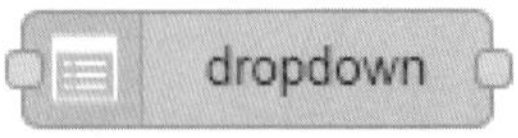 dropdown	下拉菜单，可以指定标签与值的对应关系
switch	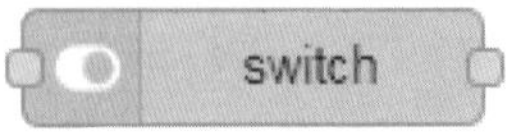 switch	开关节点，添加一个开关按钮到用户界面，开关变化的切换可以产生一个 msg
slider	 slider	滑块节点，产生一个可以更改步长的水平滑块
numeric	 numeric	数字选择，带有上、下按钮的数字输入节点
text input	 text input	文本输入，带有可选标签的文本，支持密码、电子邮件和颜色选择
date picker	 date picker	日期选择器，用于选择日期
colour picker	 colour picker	颜色选择器，用于选择颜色
form	 form	表单，由多个小部件组成，构建一个表格
text	 text	文本，只读控件，可以配置为 Label 型和 Value 型
gauge	 gauge	仪表，有四种模式，常规型、圆形、指南针型和波浪型，可以指定表盘的颜色范围
chart	 chart	图表，具有折线、条形和饼图三种模式，可以使用日期格式化字符串来定义 X 轴标签
audio out	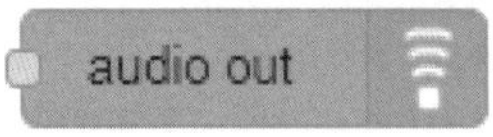 audio out	音频输出，用于播放音频或发送文本到语音客户端
notification	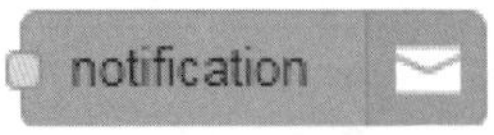 notification	通知功能节点，为用户创建警报，可以弹出窗口或显示报警框
ui control	 ui control	UI 控制节点，允许对仪表盘进行动态控制
template	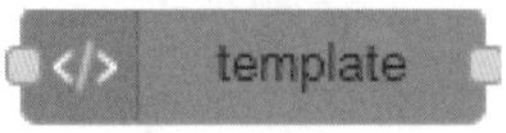 template	模板节点，允许用户使用 HTML、Javascript 等语言在框架内创建自己的小部件

1. dashboard 输入型控件

（1）button 节点。

button 节点用户可以在编辑界面添加一个按钮，单击按钮会生成相应消息。按钮默认的大小是 3 单元×1 单元大小。

对于生成按钮的图标、文字、背景用户都可以自定义，也可以使用消息属性来设置按钮的各种功能，例如 msg.background（按钮背景）、msg.topic（按钮消息）、msg.enable（按钮使能）。下面将介绍 button 节点的使用方法，具体操作步骤见表 5.4。

表 5.4　button 节点的使用方法

序号	图片示例	操作步骤
1	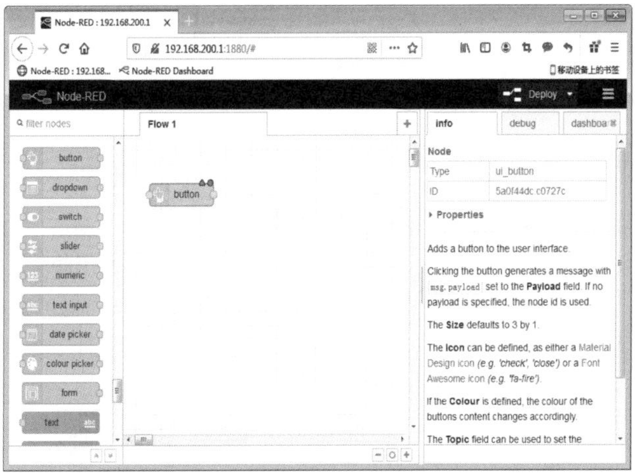	在 dashboard 控件区找到"button"节点，将其拖放添加至工作区
2	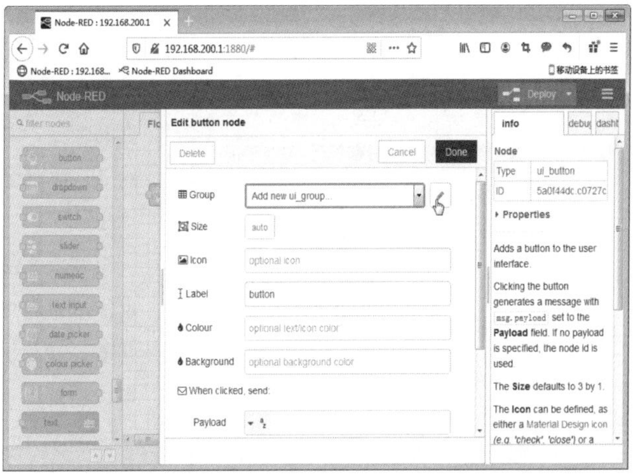	双击"button"节点，打开按钮的编辑界面。点击"Group"后面的编辑按钮

续表 5.4

序号	图片示例	操作步骤
3	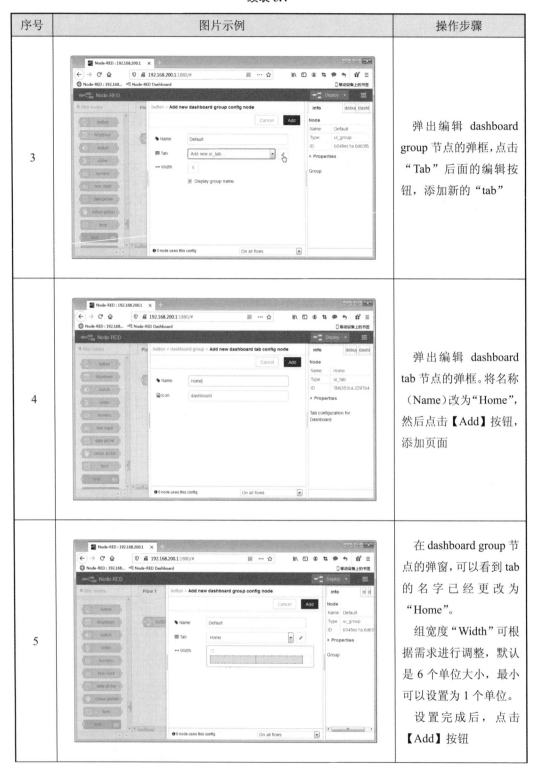	弹出编辑 dashboard group 节点的弹框，点击"Tab"后面的编辑按钮，添加新的"tab"
4		弹出编辑 dashboard tab 节点的弹框。将名称（Name）改为"Home"，然后点击【Add】按钮，添加页面
5		在 dashboard group 节点的弹窗，可以看到 tab 的名字已经更改为"Home"。 组宽度"Width"可根据需求进行调整，默认是 6 个单位大小，最小可以设置为 1 个单位。 设置完成后，点击【Add】按钮

续表 5.4

序号	图片示例	操作步骤
6		回到 button 节点编辑界面后，可以看到新增的 group 和所属页面，"Default[Home]"
7		在"Size"栏可以设置按钮的尺寸，此处将按钮尺寸设置为"2×1"
8		"Colour"栏用于设置文本的颜色，"Background"栏用于设置按钮的背景颜色。此处分别设置为"black"（黑色）和"blue"（蓝色）

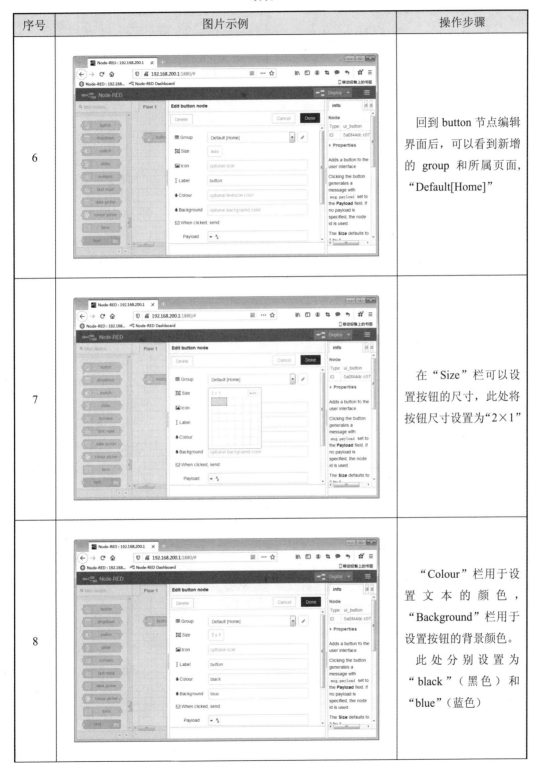

续表 5.4

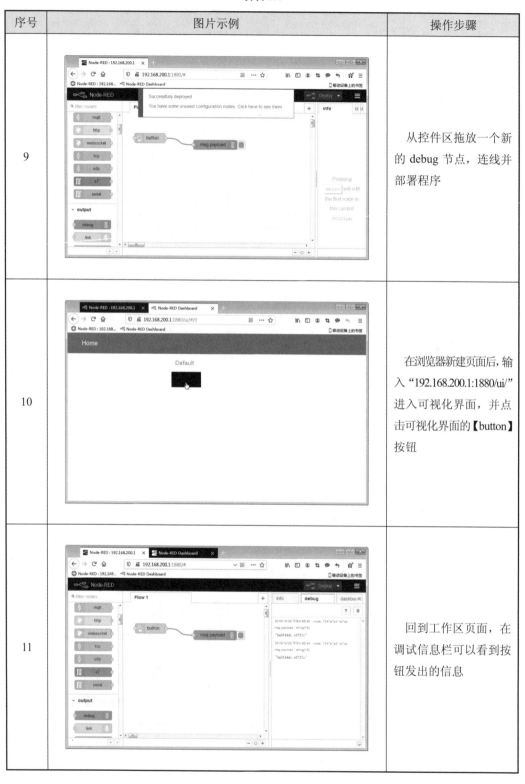

序号	图片示例	操作步骤
9		从控件区拖放一个新的 debug 节点，连线并部署程序
10		在浏览器新建页面后，输入"192.168.200.1:1880/ui/"进入可视化界面，并点击可视化界面的【button】按钮
11		回到工作区页面，在调试信息栏可以看到按钮发出的信息

（2）switch 节点。

switch 节点能够起到开关功能。dashboard 中的 switch 节点可以增加一个开关到用户界面，开关状态的变化会产生一个带有"on"或"off"值的 msg.payload。在外观上，开关的颜色与图标等元素，和 button 类似，是可以自由配置的，从而具有丰富的展示性。

下面将介绍 switch 节点的使用方法，具体操作步骤见表 5.5。

表 5.5 switch 节点的使用方法

序号	图片示例	操作步骤
1	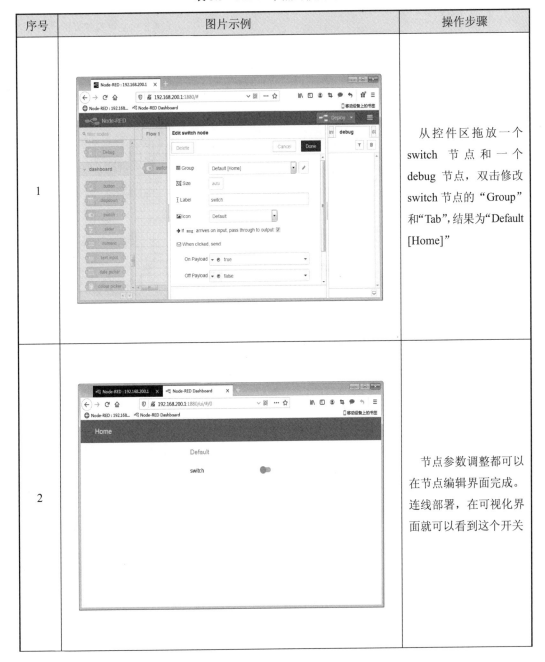	从控件区拖放一个 switch 节点和一个 debug 节点，双击修改 switch 节点的"Group"和"Tab"，结果为"Default [Home]"
2		节点参数调整都可以在节点编辑界面完成。连线部署，在可视化界面就可以看到这个开关

续表 5.5

序号	图片示例	操作步骤
3	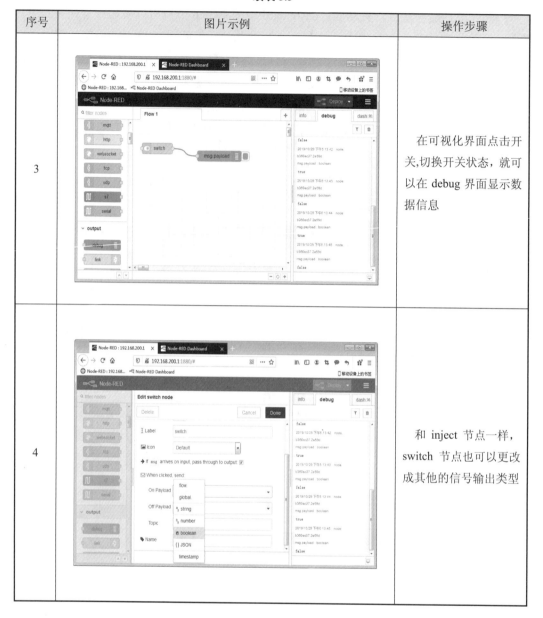	在可视化界面点击开关,切换开关状态,就可以在 debug 界面显示数据信息
4		和 inject 节点一样,switch 节点也可以更改成其他的信号输出类型

(3) text input 节点。

text input 节点可为用户提供一个输入文本框功能。text input 节点的文本输入格式可以设置为:常规文本、电子邮件或颜色选择器等。从文本框中输入的信息以 msg.payload 的形式对外发送,也可以通过设置 msg.payload 属性来预设文本信息。text input 节点的 Delay 参数可以设置从输入字符到发送字符的延时时间,默认是 300 ms,也可以设置为 0 ms,即在文本框中键入 Enter 或 Tab 键后,立即发送消息。

下面将介绍输入框（text input 节点）的使用方法，具体操作步骤见表 5.6。

表 5.6　text input 节点的使用方法

序号	图片示例	操作步骤
1	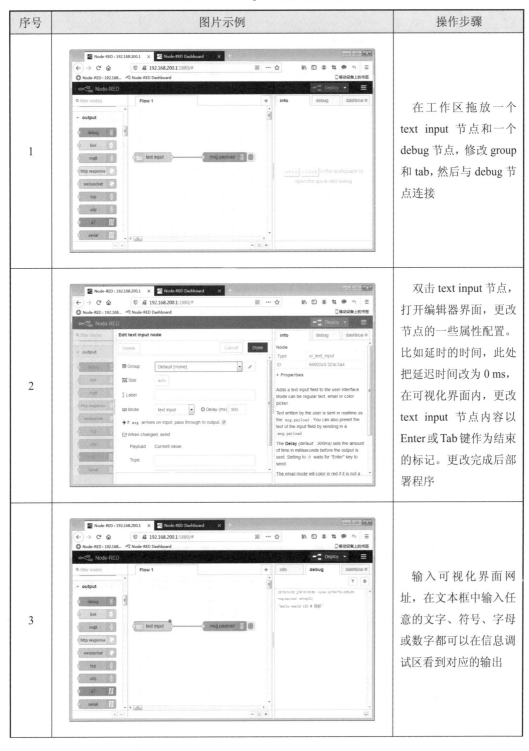	在工作区拖放一个 text input 节点和一个 debug 节点，修改 group 和 tab，然后与 debug 节点连接
2		双击 text input 节点，打开编辑器界面，更改节点的一些属性配置。比如延时的时间，此处把延迟时间改为 0 ms，在可视化界面内，更改 text input 节点内容以 Enter 或 Tab 键作为结束的标记。更改完成后部署程序
3		输入可视化界面网址，在文本框中输入任意的文字、符号、字母或数字都可以在信息调试区看到对应的输出

续表 5.5

序号	图片示例	操作步骤
4		输入框也可以用来输入密码。拖放一个新的 text input 节点，双击更改"Mode"为"password"
5		在可视化界面中输入任意的文字、符号、字母或数字都会以"•"进行替换
6		输入结束后，通过 debug 节点，在调试信息区可以看到输入的内容，表明设置正确

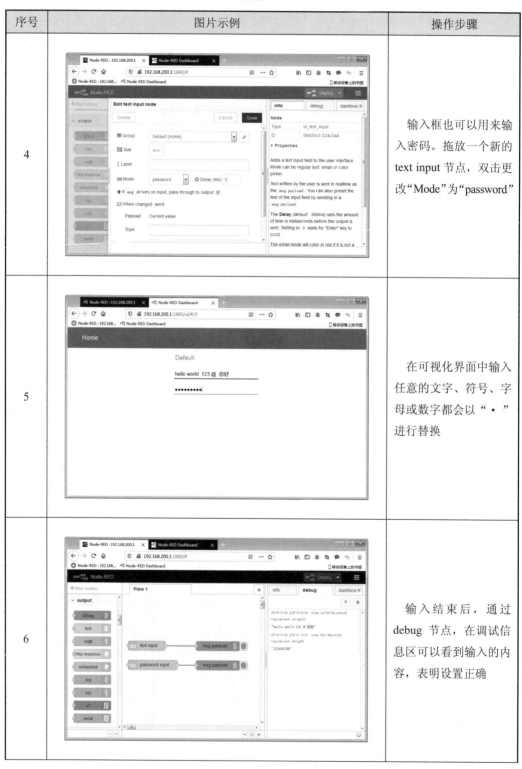

续表 5.5

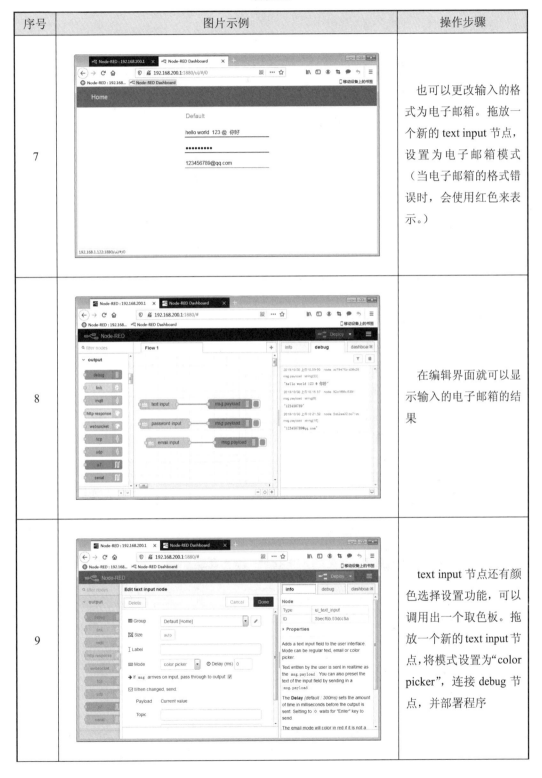

序号	图片示例	操作步骤
7		也可以更改输入的格式为电子邮箱。拖放一个新的 text input 节点,设置为电子邮箱模式(当电子邮箱的格式错误时,会使用红色来表示。)
8		在编辑界面就可以显示输入的电子邮箱的结果
9		text input 节点还有颜色选择设置功能,可以调用出一个取色板。拖放一个新的 text input 节点,将模式设置为"color picker",连接 debug 节点,并部署程序

续表 5.5

序号	图片示例	操作步骤
10	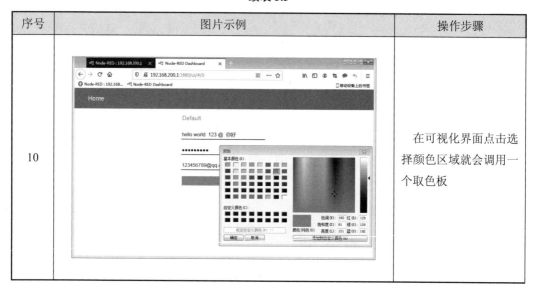	在可视化界面点击选择颜色区域就会调用一个取色板

2. dashboard 输出型控件

（1）text 节点。

text 节点是文本输出框，可以在用户界面上显示一个不可编辑的文本字段。该节点每收到一个有效消息，将根据消息的值更新文本内容。text 节点的另一个比较重要的作用就是可以用来调整可视化界面的布局。

下面将介绍 text 节点的使用方法，具体操作步骤见表 5.7。

表 5.7　text 节点的使用方法

序号	图片示例	操作步骤
1		在工作区拖放添加一个 inject 节点和一个 text 文本输出节点，连线

续表 5.7

序号	图片示例	操作步骤
2		双击 inject 节点，更改"Payload"类型为字符串，并输入字符串为"abcd"
3		部署程序后，点击 inject 节点，就可以在可视化界面上看到输出的文本信息

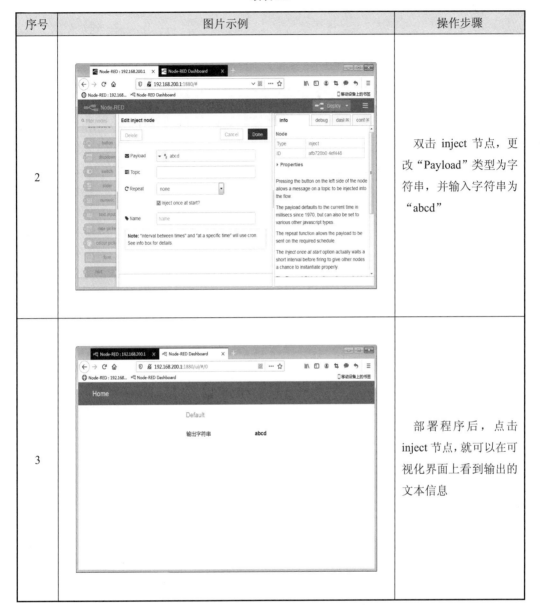

（2）gauge 仪表盘节点。

gauge 仪表盘节点主要是以仪表盘的形式显示一些实时变化的数据，能够展示数据的动态变化，表现更加直观生动。该节点的输入要求是数值类型消息，且格式要与 Value Format 一致。在 gauge 仪表盘节点中可以指定三个扇区的颜色和四种模式，如常规型、圆圈型、指南针型和波浪型。

下面将介绍 gauge 仪表盘节点的使用方法，具体操作步骤见表 5.8。

表 5.8　gauge 仪表盘节点的使用方法

序号	图片示例	操作步骤
1	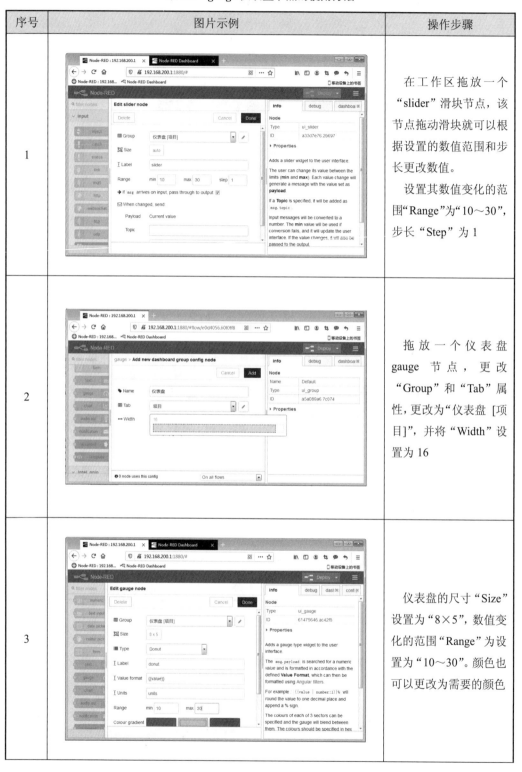	在工作区拖放一个"slider"滑块节点，该节点拖动滑块就可以根据设置的数值范围和步长更改数值。 设置其数值变化的范围"Range"为"10~30"，步长"Step"为1
2		拖放一个仪表盘 gauge 节点，更改"Group"和"Tab"属性，更改为"仪表盘[项目]"，并将"Width"设置为16
3		仪表盘的尺寸"Size"设置为"8×5"，数值变化的范围"Range"为设置为"10~30"。颜色也可以更改为需要的颜色

续表 5.8

序号	图片示例	操作步骤
4		重复步骤 3，新增 gauge 节点，按照图示更改"Type""Label"和"Range"
5		重复步骤 3，新增 gauge 节点，按照图示更改"Type""Label"和"Range"
6		将 slider 节点和这四个 gauge 节点连线并部署

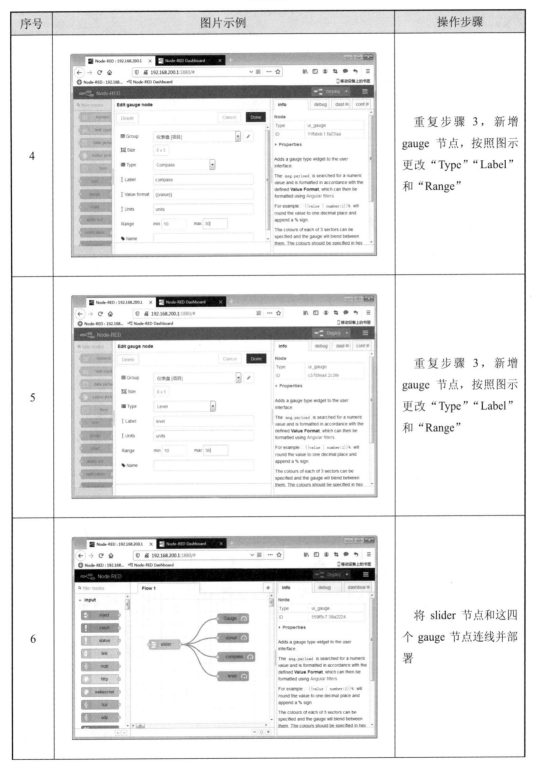

续表 5.8

序号	图片示例	操作步骤
7	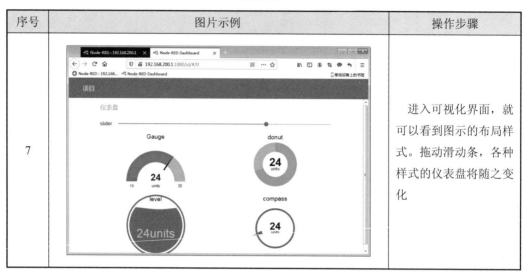	进入可视化界面，就可以看到图示的布局样式。拖动滑动条，各种样式的仪表盘将随之变化

（3）chart 图表节点。

chart 图表节点是一种将输入值绘制在图表上的功能节点。图表形式丰富多样，可以是基于时间的折线图、条形图（垂直或水平）或者饼图。每个输入到节点的消息值将被转换成一个数字，如果转换失败，则消息将被忽略。

chart 图表节点可以根据应用需求，进行多种属性的调整。如图表显示范围、轴名称、空白标签等。其中，X 轴定义了一个时间窗口或显示的最大点数，旧的数据将自动从图中删除；Y 轴的数值范围可设置为一个固定的数值区间或根据接收到的数值进行自行调整。

下面将介绍 chart 图表节点的使用方法，具体操作步骤见表 5.9。

表 5.9 chart 图表节点的使用方法

序号	图片示例	操作步骤
1		在工作区拖放 3 个 slider 节点，作为图表显示的输入源，分别配置节点的参数：把"Label"属性分别改为"input1""input2"和"input3"；数字范围设置为 1～20，并对每一个 slider 节点设置一个 Topic（主题）

续表 5.9

序号	图片示例	操作步骤
2		拖放一个 chart 节点到工作区，并配置 chart 的信息，更改图表类型"Type"为"Line chart"
3		拖放第 2 个 chart 节点到工作区，选择类型"Type"为"Bar chart"
4		拖放第 3 个 chart 节点到工作区，选择类型"Type"为"Bar chart(H)"

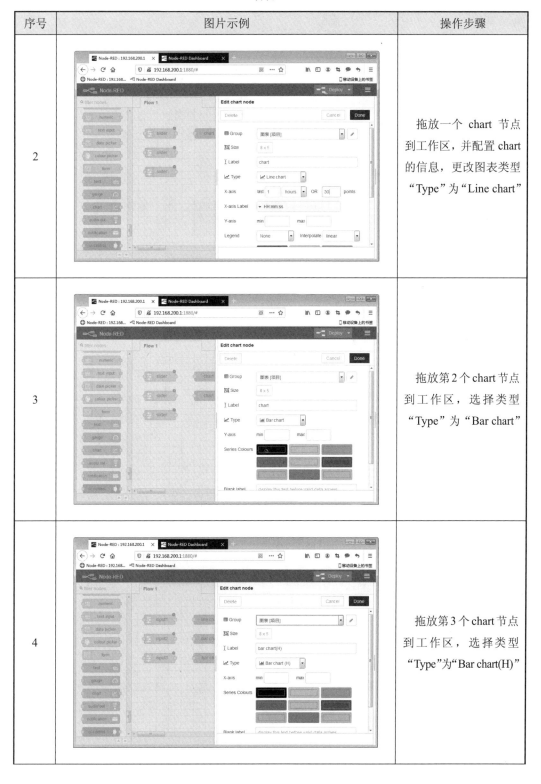

续表 5.9

序号	图片示例	操作步骤
5	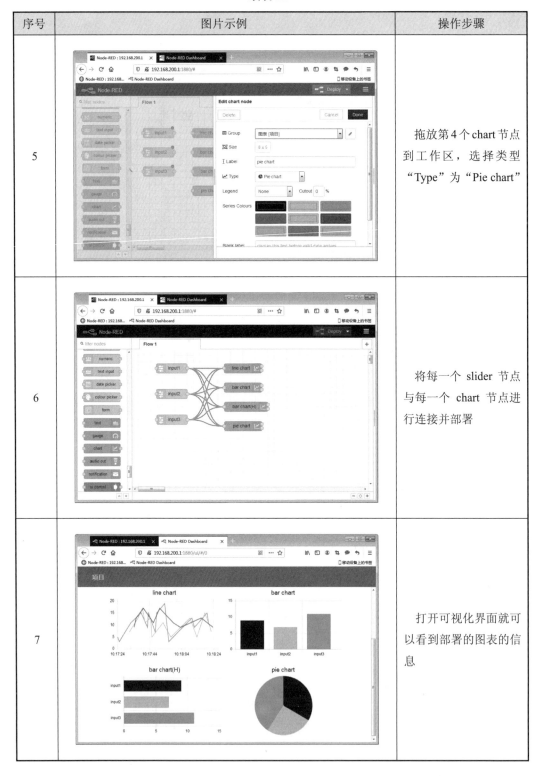	拖放第4个chart节点到工作区，选择类型"Type"为"Pie chart"
6		将每一个slider节点与每一个chart节点进行连接并部署
7		打开可视化界面就可以看到部署的图表的信息

5.4 项目步骤

5.4.1 应用系统连接

※ 智能网关的可视化编程项目步骤

应用系统主要组成包括 SIMATIC IOT2040 智能网关、计算机（PC）、工业交换机，通过以太网线完成系统连接，应用系统连接图如图 5.7 所示。

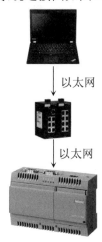

图 5.7 应用系统连接图

5.4.2 应用系统配置

本项目的应用系统配置与第 4 章相同，需要对 SIMATIC IOT2040 智能网关进行初步的系统配置，配置流程见第 4 章内容。如网关已经完成配置，那么可跳过应用系统配置环节。

5.4.3 主体程序设计

主体程序设计操作步骤见表 5.10。

表 5.10 主体程序设计操作步骤

序号	图片示例	操作步骤
1		拖放 2 个 inject 节点，分别将输入类型改为数字类型和字符串类型，并将 2 个节点分别命名。设置循环发送时间为 5 s

续表 5.10

序号	图片示例	操作步骤
2		拖放 2 个 text 输出节点，设置"Tab"和"Group"分别为"文本输出[项目]"，并对节点分别命名
3		再拖放 3 个 inject 节点，输出形式改为数字，"Topic"内容分别填写"数组1""数组2""数组3"。循环时间更改为每 3 s 循环一次。名称也分别进行命名
4		拖放一个 random 节点，设置取值范围为"10～30"。同样地，再拖放两个 random 节点，按照同样的方法配置节点

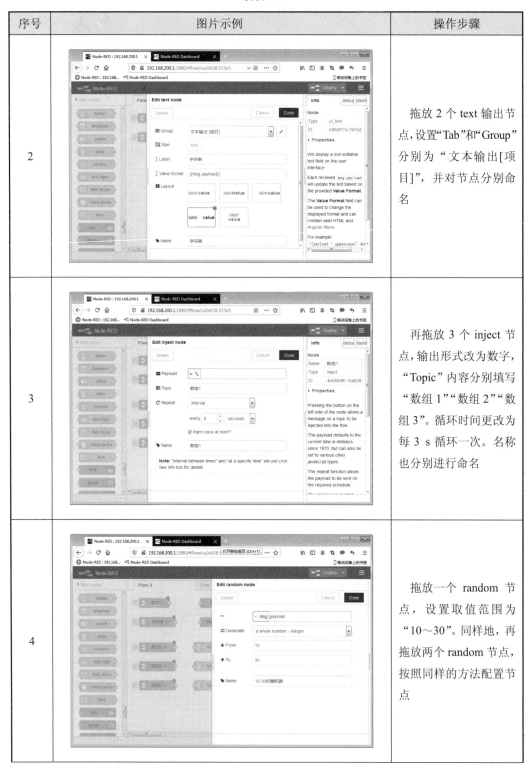

续表 5.10

序号	图片示例	操作步骤
5	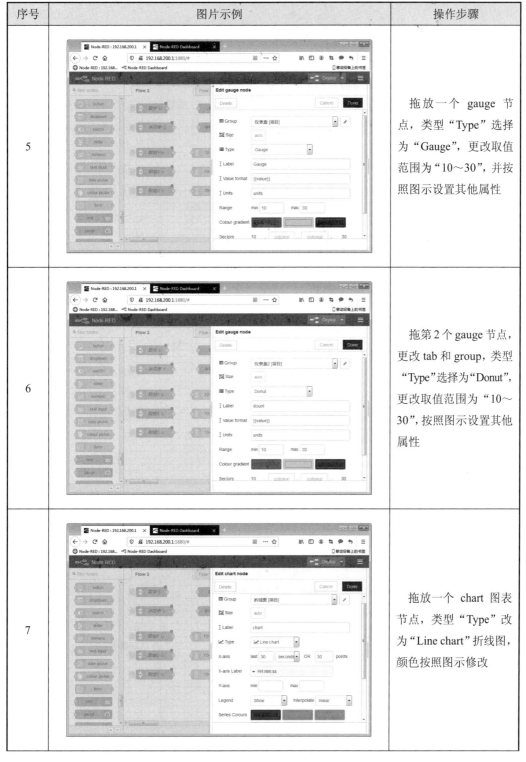	拖放一个 gauge 节点，类型"Type"选择为"Gauge"，更改取值范围为"10～30"，并按照图示设置其他属性
6		拖第 2 个 gauge 节点，更改 tab 和 group，类型"Type"选择为"Donut"，更改取值范围为"10～30"，按照图示设置其他属性
7		拖放一个 chart 图表节点，类型"Type"改为"Line chart"折线图，颜色按照图示修改

续表 5.10

序号	图片示例	操作步骤
8		拖放第 2 个 chart 节点，更改类型"Type"为"Bar chart"柱状图，并按照图示设置其他属性
9		拖放第 3 个 chart 节点，更改类型"Type"为"Pie chart"饼状图，并按照图示设置其他属性
10		将各个节点分别对应连线

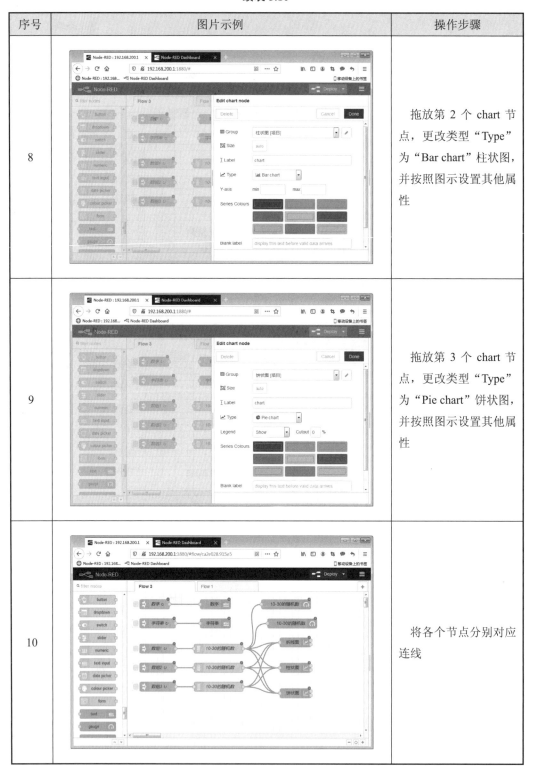

5.4.4 关联程序设计

本项目不涉及关联硬件的程序设计，在此略过。

5.4.5 项目程序调试

项目程序调试的具体操作步骤见表 5.11。

表 5.11 项目程序调试具体操作步骤

序号	图片示例	操作步骤
1	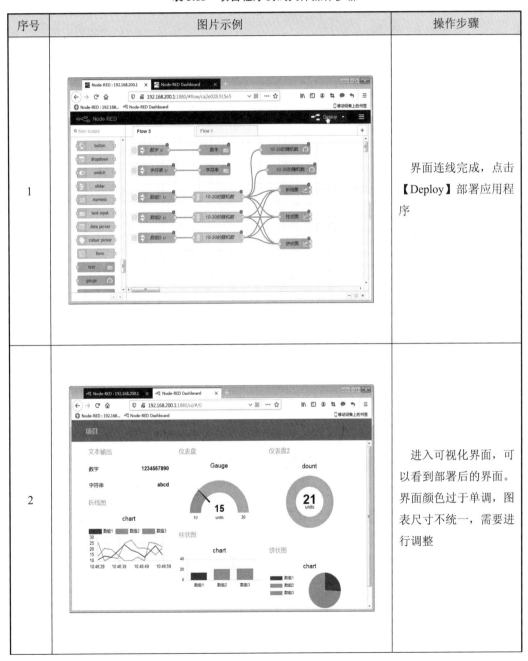	界面连线完成，点击【Deploy】部署应用程序
2		进入可视化界面，可以看到部署后的界面。界面颜色过于单调，图表尺寸不统一，需要进行调整

续表 5.11

序号	图片示例	操作步骤
3	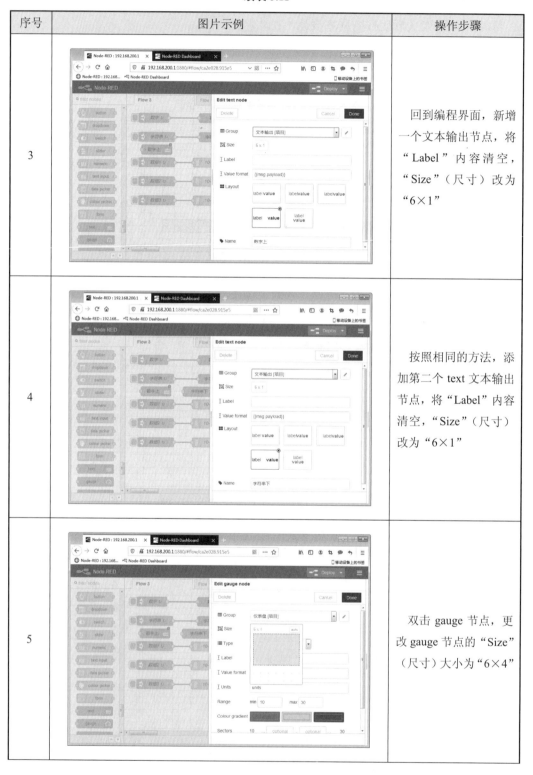	回到编程界面，新增一个文本输出节点，将"Label"内容清空，"Size"（尺寸）改为"6×1"
4		按照相同的方法，添加第二个 text 文本输出节点，将"Label"内容清空，"Size"（尺寸）改为"6×1"
5		双击 gauge 节点，更改 gauge 节点的"Size"（尺寸）大小为"6×4"

续表 5.11

序号	图片示例	操作步骤
6	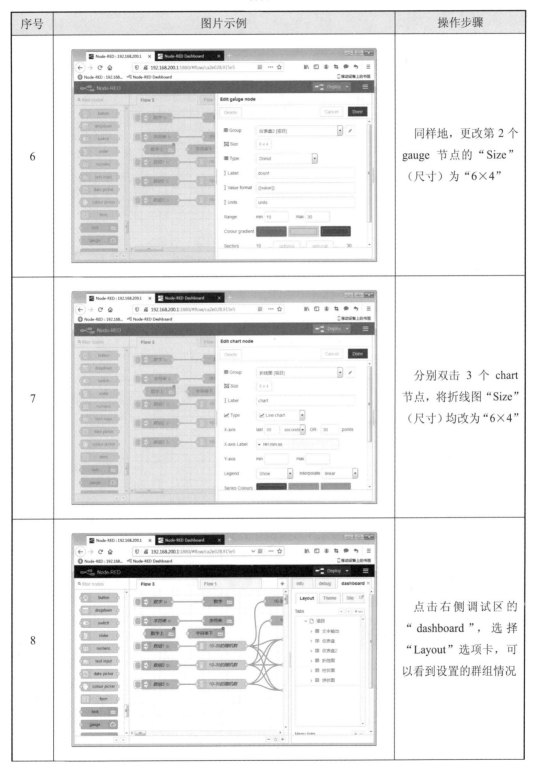	同样地，更改第 2 个 gauge 节点的"Size"（尺寸）为"6×4"
7		分别双击 3 个 chart 节点，将折线图"Size"（尺寸）均改为"6×4"
8		点击右侧调试区的"dashboard"，选择"Layout"选项卡，可以看到设置的群组情况

续表 5.11

序号	图片示例	操作步骤
9	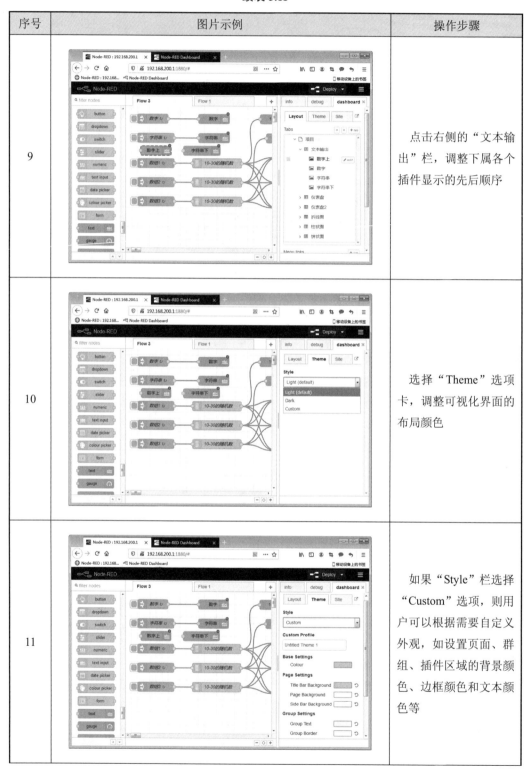	点击右侧的"文本输出"栏，调整下属各个插件显示的先后顺序
10		选择"Theme"选项卡，调整可视化界面的布局颜色
11		如果"Style"栏选择"Custom"选项，则用户可以根据需要自定义外观，如设置页面、群组、插件区域的背景颜色、边框颜色和文本颜色等

续表 5.11

序号	图片示例	操作步骤
12	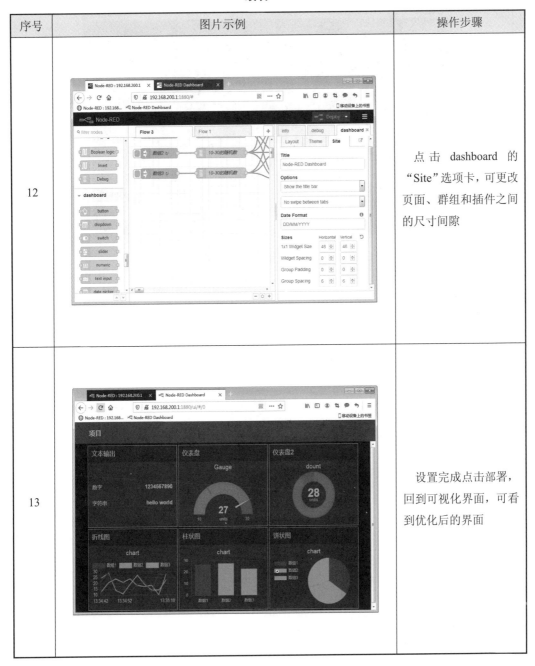	点击 dashboard 的"Site"选项卡，可更改页面、群组和插件之间的尺寸间隙
13		设置完成点击部署，回到可视化界面，可看到优化后的界面

5.4.6 项目总体运行

本项目总体运行效果如图 5.8 所示。每隔 5 s 文本输出会继续数据更新；每隔 3 s，图形化显示控件会同步更新。

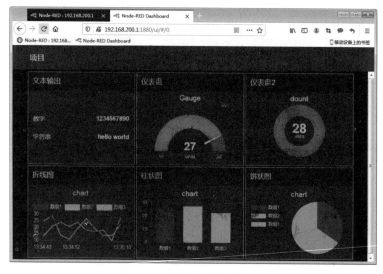

图 5.8 项目总体运行效果图

5.5 项目验证

5.5.1 效果验证

根据输入数据展现可视化界面，效果验证流程如图 5.9 所示。

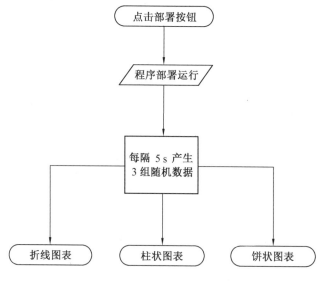

图 5.9 效果验证流程图

5.5.2 数据验证

通过添加 debug 节点，将调试栏的数据与可视化界面的数据进行对比，验证数据显示精度和形式是否满足要求。数据验证见表 5.12。

表 5.12 数据验证

序号	图片示例	操作步骤
1	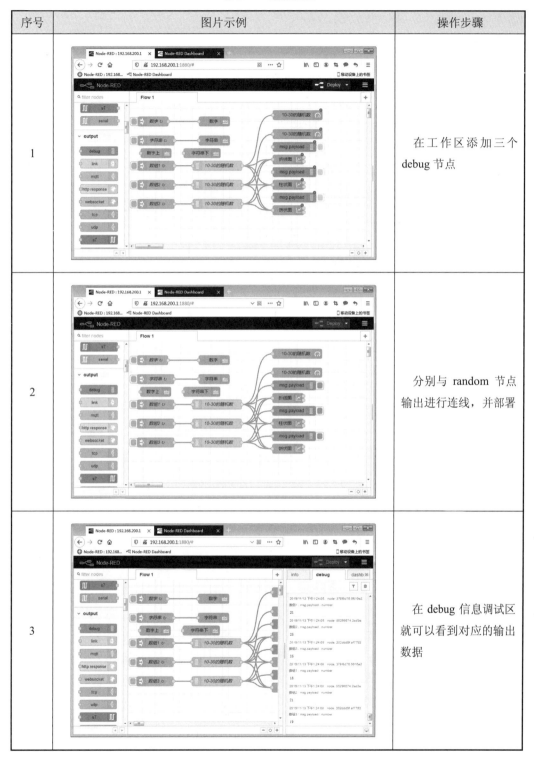	在工作区添加三个 debug 节点
2		分别与 random 节点输出进行连线，并部署
3		在 debug 信息调试区就可以看到对应的输出数据

5.6 项目总结

5.6.1 项目评价

项目评价表见表 5.13。通过对整个项目的练习,评价对 Node-RED 中的可视化界面功能节点的掌握情况。

使用 Node-RED 进行可视化编程,关键是要选择合适的控件对数据进行最佳效果展示,并充分学会利用文本节点对整个图形界面的占位和调整。

表 5.13 项目评价表

项目指标		分值	自评	互评	评分说明
项目分析	1. 硬件架构分析	6			
	2. 项目流程分析	6			
项目要点	1. dashboard 节点安装	8			
	2. dashboard 节点布局	8			
	3. dashboard 节点应用	8			
项目步骤	1. 应用系统连接	9			
	2. 应用系统配置	9			
	3. 主体程序设计	9			
	4. 关联程序设计	9			
	5. 项目程序调试	9			
	6. 项目运行调试	9			
项目验证	1. 效果验证	5			
	2. 数据验证	5			
合计		100			

5.6.2 项目拓展

通过学习其他类型的节点,结合 dashboard 功能可以实现更多功能的编程项目和丰富的展示效果。例如利用 http、html 功能函数节点结合 dashboard 可视化节点从指定网站获取指定地区的天气状况,将天气状况显示在可视化界面上。可视化界面效果可参照图 5.10。

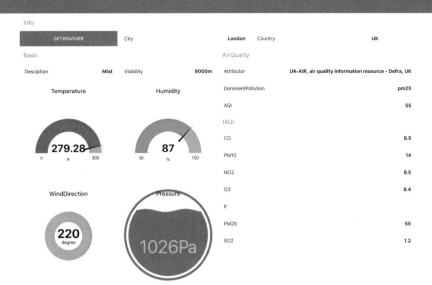

图 5.10　可视化界面

第 6 章　智能网关与 PLC 的数据交互项目

6.1　项目目的

6.1.1　项目背景

※ 智能网关与 PLC 的数据交互项目目的

PLC 目前被广泛应用于工业生产现场，已经成为当代工业自动化的重要支柱，是工业控制的核心器件之一。使用工业智能网关与 PLC 进行数据交互，可以将生产现场与 IT 系统进行安全连接，从而实现机器设备与产品数据、用户数据互联互通，促进数据化支撑下的企业生产全流程可视化，实现 IT 与 OT 的融合，提供智能制造基础。

智能网关与 PLC 进行数据交互，在各行各业中都具有广泛的应用价值。通过智能网关时刻记录 PLC 设备的能耗状态，对其能耗历史数据进行展示和分析，形成机器开工率的直观展示，为企业决策提供服务支持；根据设备运行数据，监视机器、零件的使用次数，根据历史寿命来预测性的提供运维建议；另外，还可以利用物联网平台跟踪库存，与供应链系统集成，实现零库存管理。

6.1.2　项目目的

（1）了解 PLC 的基本组成；
（2）掌握 PLC 的简单应用；
（3）熟悉 PLC 编程技术；
（4）掌握 Node-RED 编程设计，实现 PLC 数据采集与展示。

6.1.3　项目内容

本项目首先由 PLC 实现一定的逻辑功能，当用户按下教学平台上的开关按钮后，信号灯做出相应反应。然后通过 SIMATIC IOT2040 智能网关采集 PLC 设备的数据，最后实现可视化数据显示。

在数据交互方面，用户可以通过可视化界面将布尔量信号写入 PLC，实现点击可视化界面上的开关就可以控制 PLC 程序的逻辑执行。

6.2　项目分析

6.2.1　项目构架

本项目使用计算机完成对各设备器件的编程和调试任务。项目以西门子 PLC 为总控制器，完成对外部信号的逻辑处理，并以触摸屏显示 PLC 内部变量的状态。西门子 SIMATIC IOT2040 智能网关通过 S7 协议采集 PLC 数据，实现数据显示。项目构架图如图 6.1 所示。

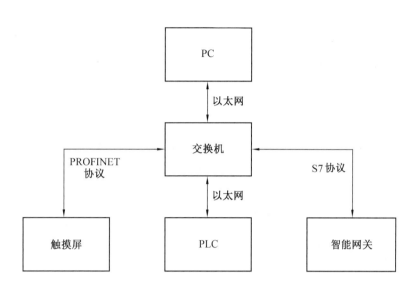

图 6.1　项目构架图

6.2.2　项目流程

本项目涉及除了工业智能网关之外的其他控制设备的使用，所以还需要完成对 PLC、触摸屏的关联程序设计和调试。最后使用智能网关对 PLC 进行数据采集和总体运行控制。项目流程如图 6.2 所示。

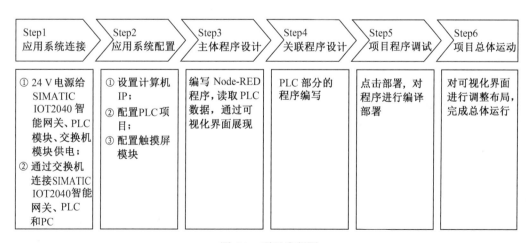

图 6.2　项目流程图

6.3 项目要点

6.3.1 PLC 系统构建

※ 智能网关与 PLC 的数据交互项目要点

西门子 S7-1200 系列 PLC 的结构紧凑、功能全面、扩展方便，其 CPU 模块集成有工业以太网通信接口和多种工艺功能，可以作为一个独立组件集成在完整的综合自动化系统中。S7-1214 控制器上集成的 PROFINET 以太网接口可用于与编程调试计算机、HMI 及其他 PLC 通信，基于开放的以太网协议，支持与第三方设备的通信。典型的基于 PLC 的控制系统一般由 PLC、触摸屏、外围器件等构成（图 6.3）。

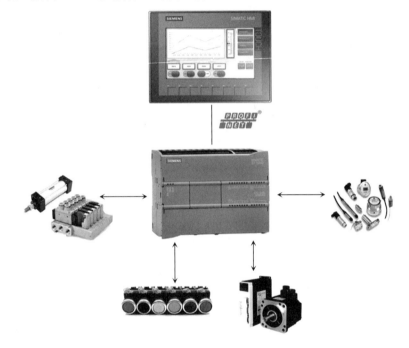

图 6.3 典型的 PLC 控制系统构成

本项目采用 SIMATIC 精简系列面板与 SIMATIC S7-1214C PLC 无缝兼容，通过 PROFINET 协议进行数据通信。PLC 与外围按钮或指示灯通过数字量 I/O 进行信号交互。

西门子 PLC 和触摸屏的编程采用的是 TIA 博途编程软件，它是西门子公司推出的新一代的综合了 PLC 编程和触摸屏组态等功能与一体的软件，使用户能在一个软件环境下，就能对 PLC 和触摸屏系统完成全部的编程与调试工作。

6.3.2 S7 通信功能节点

S7 通信协议是西门子 S7 系列 PLC 内部集成的一种通信协议，它是一种运行在传输层之上的，经过特殊优化的通信协议，其信息传输可以基于 MPI 网络、PROFIBUS 网络或者以太网。

第 6 章 智能网关与 PLC 的数据交互项目

西门子 S7 系列 PLC 的通常作为服务器（Server），客户端（Client）通过 S7 通信协议访问 PLC 内部的变量和数据等资源信息，实现对服务器的数据进行读取或写入等操作。

SIMATIC IOT2040 智能网关通过安装 S7 通信功能节点就能够与西门子 S7 系列 PLC 进行通信，采集 PLC 内部的数据变量。

下面介绍如何在 SIMATIC IOT2040 智能网关上安装 S7 通信功能节点。

安装 Node-RED S7 节点。安装 S7 节点有两种方法，具体操作步骤见表 6.1。

表 6.1 S7 节点安装的操作步骤

序号	图片示例	操作步骤
1		第一种方法是利用 npm 包管理器来安装。首先打开 PuTTY，建立与 SIMATIC IOT2040 的连接，在命令窗口输入指令 "cd /usr/lib/node_modules"，切换至 Node-RED 所在目录
2	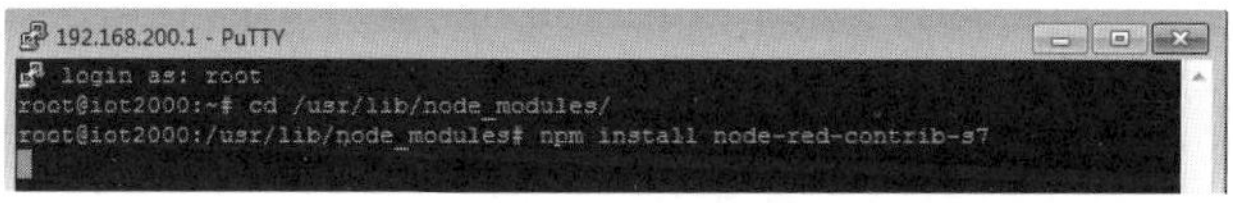	输入 npm 指令 "npm install node-red-contrib-s7"，安装 S7 节点
3	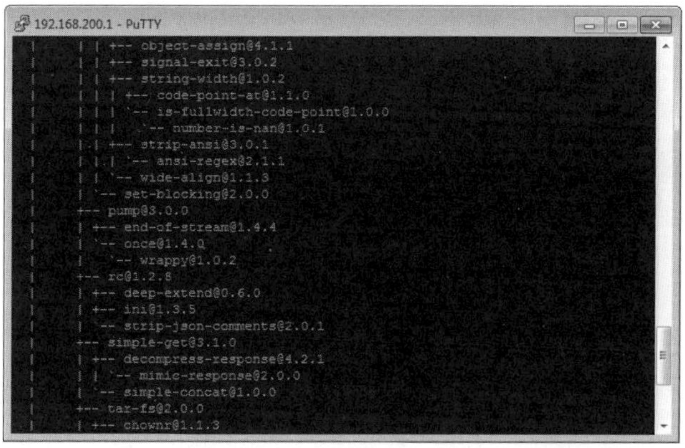	安装完成后会显示图示界面

续表 6.1

序号	图片示例	操作步骤
4	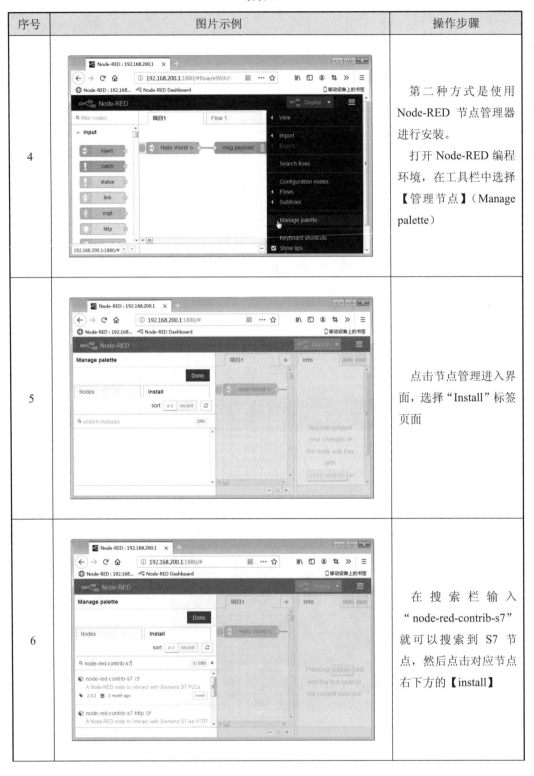	第二种方式是使用 Node-RED 节点管理器进行安装。打开 Node-RED 编程环境，在工具栏中选择【管理节点】（Manage palette）
5		点击节点管理进入界面，选择"Install"标签页面
6		在搜索栏输入"node-red-contrib-s7"就可以搜索到 S7 节点，然后点击对应节点右下方的【install】

续表 6.1

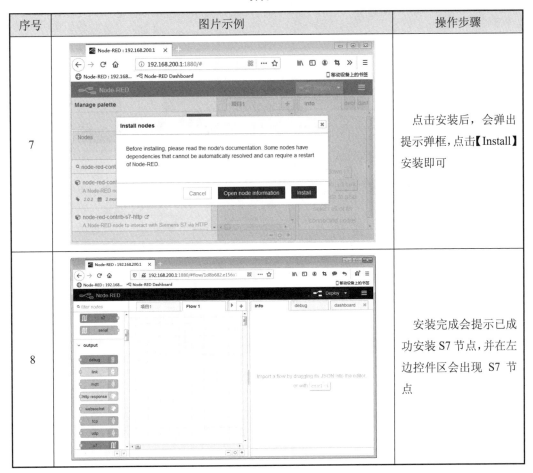

序号	图片示例	操作步骤
7		点击安装后,会弹出提示弹框,点击【Install】安装即可
8		安装完成会提示已成功安装 S7 节点,并在左边控件区会出现 S7 节点

下面介绍 S7 节点的使用方法,具体操作步骤见表 6.2。

表 6.2 S7 节点使用的操作步骤

序号	图片示例	操作步骤
1		首先打开 Node-RED 进入 Node-RED 编程界面

续表 6.2

序号	图片示例	操作步骤
2	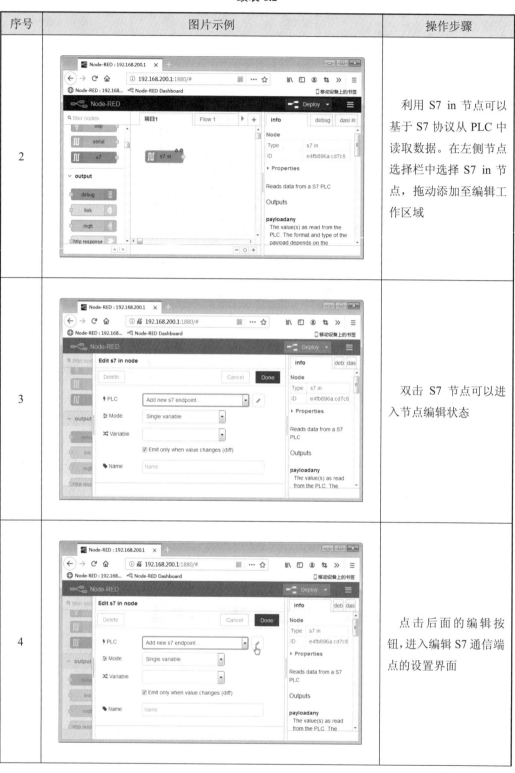	利用 S7 in 节点可以基于 S7 协议从 PLC 中读取数据。在左侧节点选择栏中选择 S7 in 节点，拖动添加至编辑工作区域
3		双击 S7 节点可以进入节点编辑状态
4		点击后面的编辑按钮，进入编辑 S7 通信端点的设置界面

续表 6.2

序号	图片示例	操作步骤
5		S7 通信端点的连接信息包括 PLC 的 IP 地址、端口号、机架号、槽号、读取周期等信息。其中，默认的端口号"Port"是 102。不同的 S7 系列 PLC，槽号也不同
6		S7 通信端点的变量信息包括变量的寻址方式以及变量名称。使用【+Add】按钮来添加新的变量
7		在变量列表中添加一些图示新的变量

续表 6.2

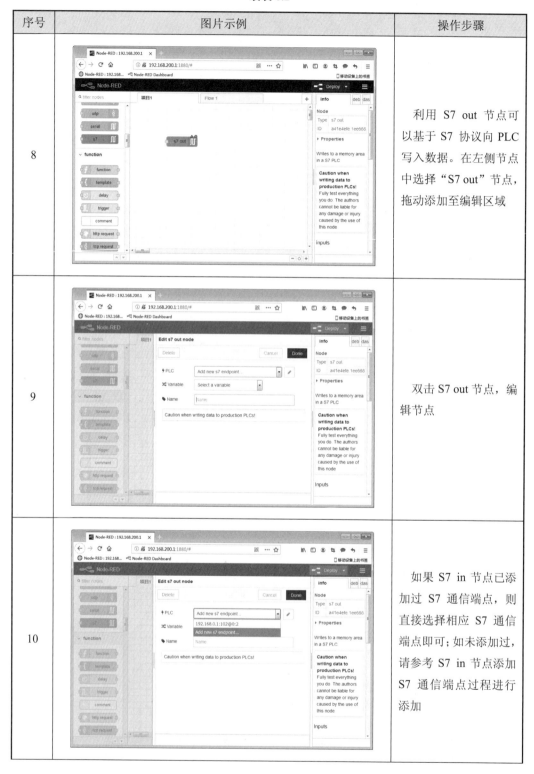

序号	图片示例	操作步骤
8		利用 S7 out 节点可以基于 S7 协议向 PLC 写入数据。在左侧节点中选择"S7 out"节点,拖动添加至编辑区域
9		双击 S7 out 节点,编辑节点
10		如果 S7 in 节点已添加过 S7 通信端点,则直接选择相应 S7 通信端点即可;如未添加过,请参考 S7 in 节点添加 S7 通信端点过程进行添加

续表 6.2

序号	图片示例	操作步骤
11	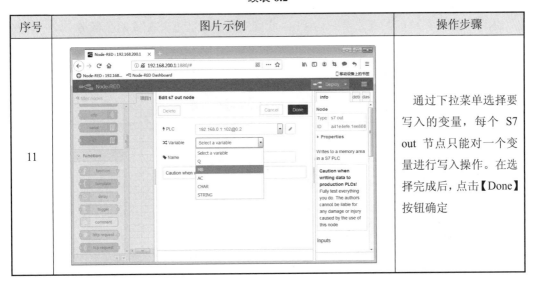	通过下拉菜单选择要写入的变量，每个 S7 out 节点只能对一个变量进行写入操作。在选择完成后，点击【Done】按钮确定

6.4 项目步骤

6.4.1 应用系统连接

※ 智能网关与 PLC 的数据交互项目步骤

应用系统主要组成包括 SIMATIC IOT2040 智能网关、西门子 S7-1214 PLC、西门子触摸屏（HMI）、计算机（PC）、工业交换机，通过以太网线完成系统连接，应用系统连接示意图如图 6.4 所示。

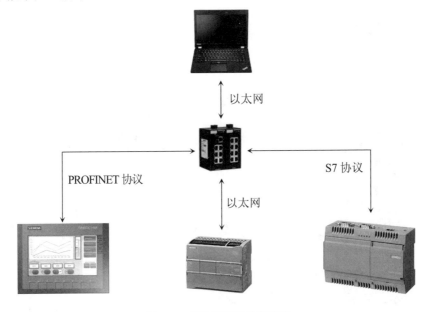

图 6.4　应用系统连接示意图

6.4.2 应用系统配置

本项目硬件系统的配置主要包含 PLC 项目配置和智能网关配置两个部分。

1. PLC 项目配置

PLC 项目配置具体操作步骤见表 6.3。

表 6.3 PLC 项目配置操作步骤

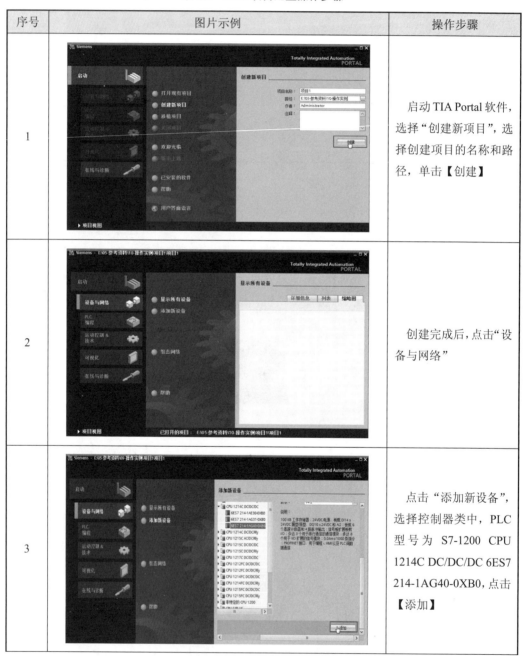

序号	图片示例	操作步骤
1		启动 TIA Portal 软件，选择"创建新项目"，选择创建项目的名称和路径，单击【创建】
2		创建完成后，点击"设备与网络"
3		点击"添加新设备"，选择控制器类中，PLC 型号为 S7-1200 CPU 1214C DC/DC/DC 6ES7 214-1AG40-0XB0，点击【添加】

续表 6.3

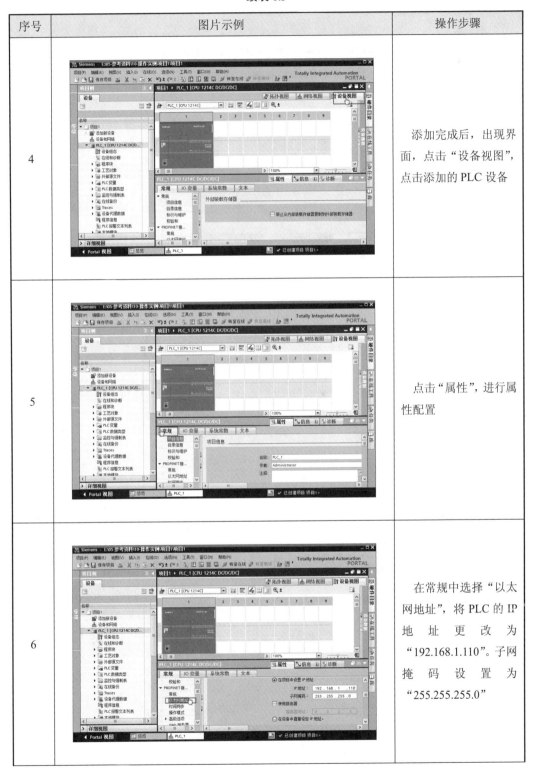

序号	图片示例	操作步骤
4		添加完成后,出现界面,点击"设备视图",点击添加的 PLC 设备
5		点击"属性",进行属性配置
6		在常规中选择"以太网地址",将 PLC 的 IP 地址更改为"192.168.1.110"。子网掩码设置为"255.255.255.0"

续表 6.3

序号	图片示例	操作步骤
7		在常规选项卡里面选择"保护",选择"连接机制",勾选复选框"允许从远程伙伴使用 PUT/GET 通信访问"

2. 智能网关配置

对智能网关的配置主要是更改网关的 IP 地址,使其与 PLC 在同一网段,以实现通信。在本项目中将网关的 IP 地址更改为"192.168.1.122",具体步骤见表 6.4。

表 6.4 网关基础操作步骤

序号	图片示例	操作步骤
1		首先更改电脑的 IP 地址为"192.168.200.xx"网段。此处设置电脑 IP 为"192.168.200.2"

续表 6.4

序号	图片示例	操作步骤
	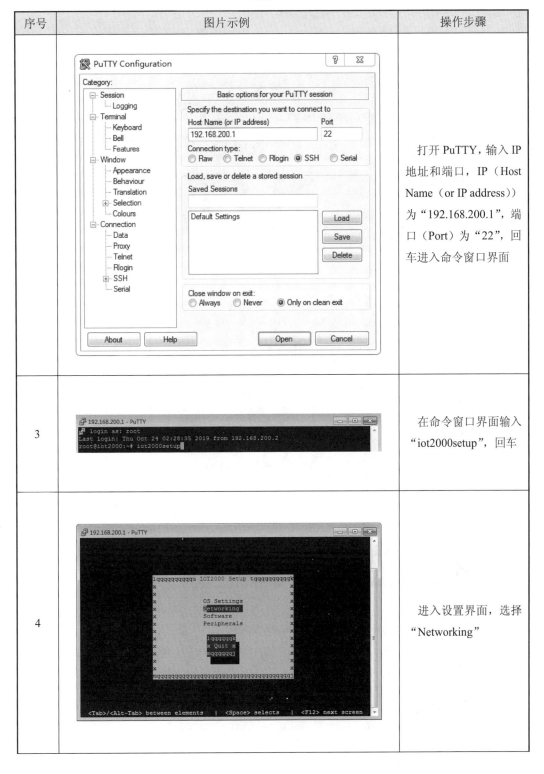	打开 PuTTY,输入 IP 地址和端口,IP(Host Name(or IP address))为"192.168.200.1",端口(Port)为"22",回车进入命令窗口界面
3		在命令窗口界面输入 "iot2000setup",回车
4		进入设置界面,选择 "Networking"

续表 6.4

序号	图片示例	操作步骤
5		选择"eth0",后选择"OK",回车
6		将 IP 地址改为"192.168.1.122"。选择"OK",回车
7		在第 5 步中,进入"eth1"界面,可以根据需求进行更改操作,同样地,更改完成选择"OK",回车

续表 6.4

序号	图片示例	操作步骤
8		更改完毕会进入确认界面，这个界面会显示更改完毕的 IP 地址，选择"OK"，回车确认
9		更改完成界面如图示，完成之后，关闭窗口
10		同时将计算机的 IP 地址更改为"192.168.1.xx"，本例中将计算机 IP 地址更改为"192.168.1.100"

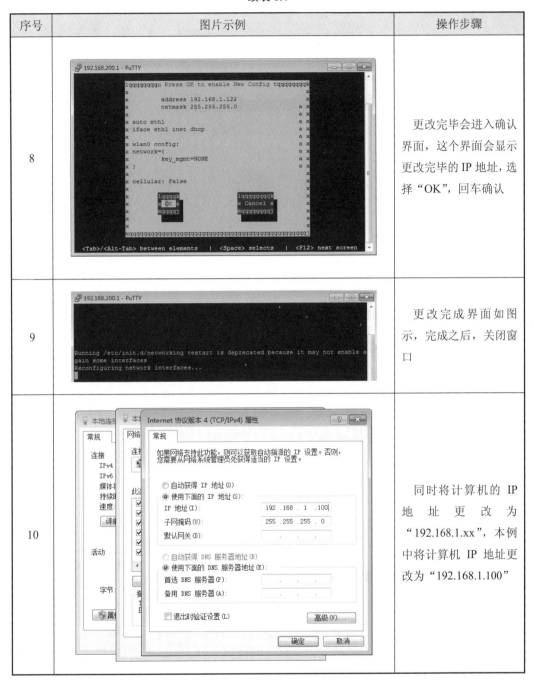

6.4.3　主体程序设计

完成相关配置后，网关 PLC 与智能网关之间就具备了通信基础。

下面将介绍如何在 Node-RED 中编程，以实现相互通信，具体操作步骤见表 6.5。

表 6.5 Node-RED 编程具体操作步骤

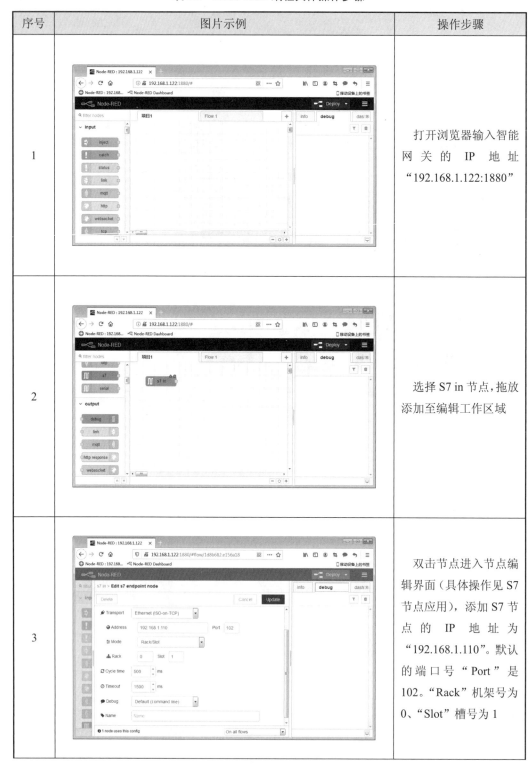

序号	图片示例	操作步骤
1		打开浏览器输入智能网关的 IP 地址"192.168.1.122:1880"
2		选择 S7 in 节点,拖放添加至编辑工作区域
3		双击节点进入节点编辑界面(具体操作见 S7 节点应用),添加 S7 节点的 IP 地址为"192.168.1.110"。默认的端口号"Port"是 102。"Rack"机架号为 0、"Slot"槽号为 1

续表 6.5

序号	图片示例	操作步骤
4		点击编辑变量栏"Varibales",点击【+add】新增变量数据
5		如图所示,新增完成后点击【Add】。 I0.0:启动按钮 M4.1:停止 I0.4:急停按钮 M2.0:启动信号 M5.0:触摸屏启动 I0.1:停止按钮 M3.1:触摸屏停止 M4.0:界面启动按钮 Q0.0:HL1
6		返回后,模式选择"Single variable"单一变量;变量选择"启动按钮",后面会根据前面配置的变量显示关联的I0.0。 完成配置,点击【Done】

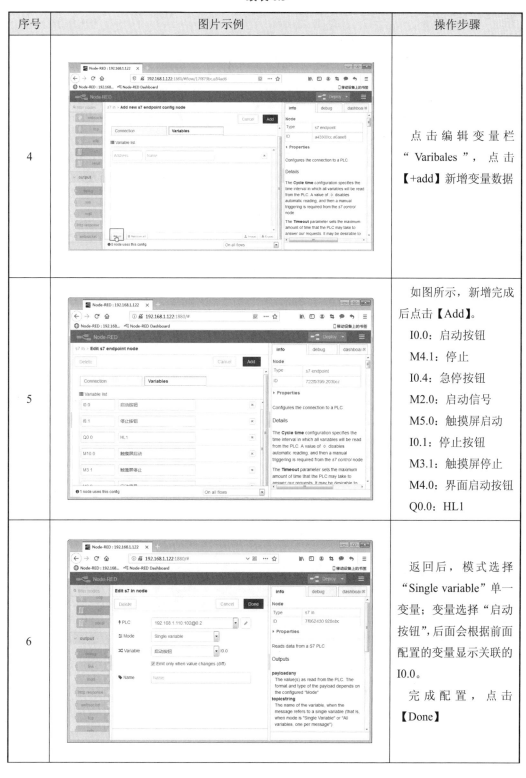

续表 6.5

序号	图片示例	操作步骤
7		拖放一个 text 文本输出节点。双击进入节点编辑界面
8		添加新的 group，点击界面后面的编辑按钮，进入 group 编辑界面
9		进入 group 编辑界面，点击"Add new ui_tab"栏的编辑按钮

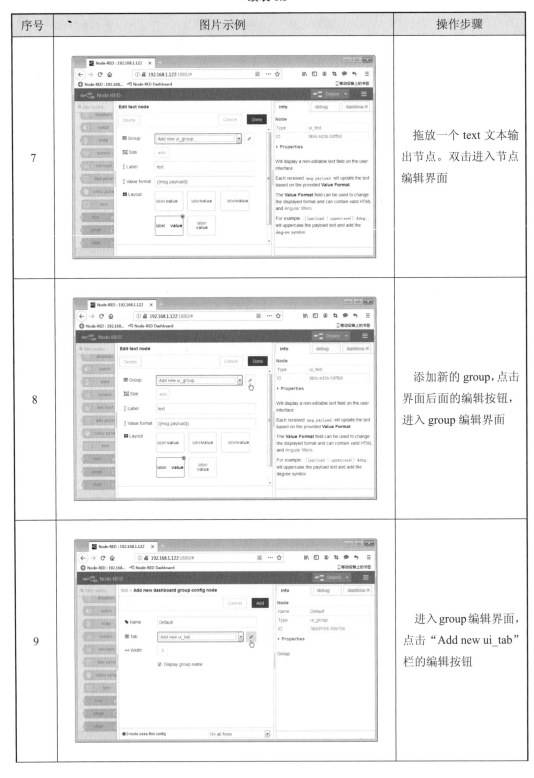

续表 6.5

序号	图片示例	操作步骤
10	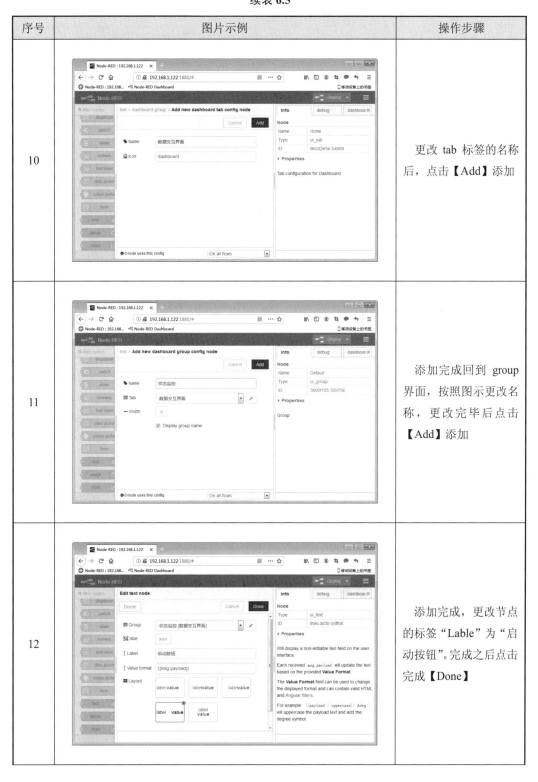	更改 tab 标签的名称后，点击【Add】添加
11		添加完成回到 group 界面，按照图示更改名称，更改完毕后点击【Add】添加
12		添加完成，更改节点的标签"Lable"为"启动按钮"。完成之后点击完成【Done】

续表 6.5

序号	图片示例	操作步骤
13		按照上述相同的步骤添加"停止按钮""HL1""启动信号"3 个 text 文本节点
14		从控件区拖放添加一个 debug 节点，命名为"启动按钮"
15		继续添加 3 个 debug 节点，分别命名为：停止按钮、HL1 和启动信号

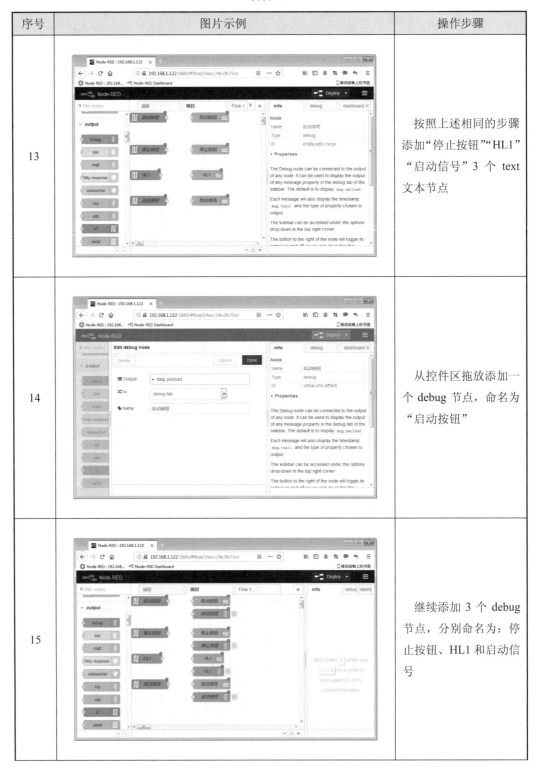

续表 6.5

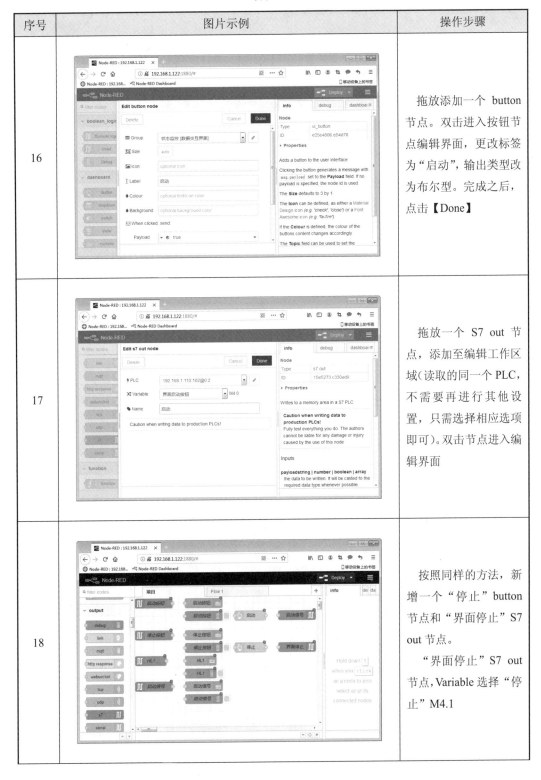

序号	图片示例	操作步骤
16		拖放添加一个 button 节点。双击进入按钮节点编辑界面，更改标签为"启动"，输出类型改为布尔型。完成之后，点击【Done】
17		拖放一个 S7 out 节点，添加至编辑工作区域（读取的同一个 PLC，不需要再进行其他设置，只需选择相应选项即可）。双击节点进入编辑界面
18		按照同样的方法，新增一个"停止"button 节点和"界面停止"S7 out 节点。 "界面停止"S7 out 节点，Variable 选择"停止"M4.1

续表 6.5

序号	图片示例	操作步骤
19	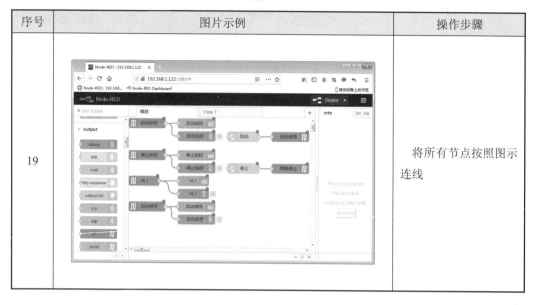	将所有节点按照图示连线

6.4.4 关联程序设计

PLC 作为智能网关数据采集的对象，首先需要根据项目任务进行必要的 PLC 编程，由网关根据关联的变量地址进行程序的数据读写。

本项目中 PLC 主要根据外部按钮的启停信号，控制相应的指示灯进行循环闪烁。PLC 相关的编程操作见表 6.6。

表 6.6　PLC 编程步骤

序号	图片示例	操作步骤
1	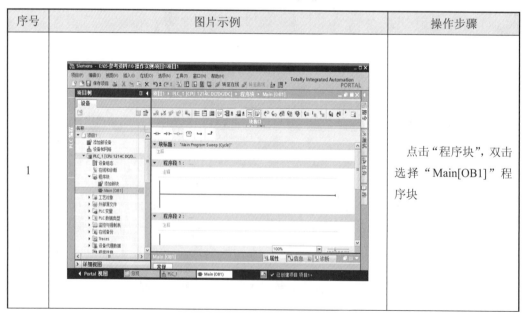	点击"程序块"，双击选择"Main[OB1]"程序块

续表 6.6

序号	图片示例	操作步骤
2		编写启动部分的程序
3		编写停止部分的程序
4		信号灯控制信号

续表 6.6

序号	图片示例	操作步骤
5	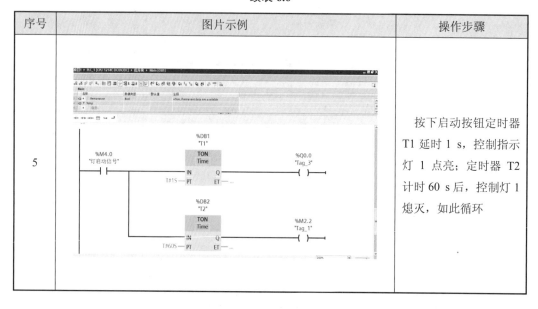	按下启动按钮定时器 T1 延时 1 s，控制指示灯 1 点亮；定时器 T2 计时 60 s 后，控制灯 1 熄灭，如此循环

触摸屏配置的具体操作步骤见表 6.7。

表 6.7 触摸屏配置的具体操作步骤

序号	图片示例	操作步骤
1	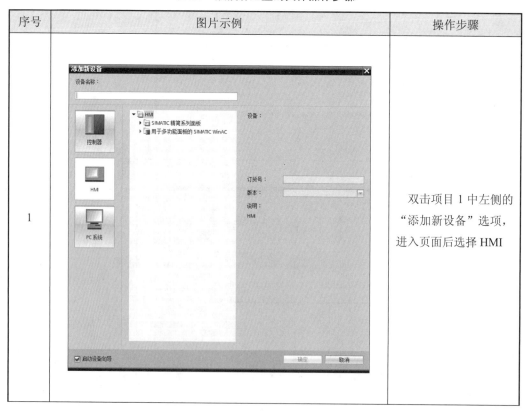	双击项目 1 中左侧的"添加新设备"选项，进入页面后选择 HMI

续表 6.7

序号	图片示例	操作步骤
2	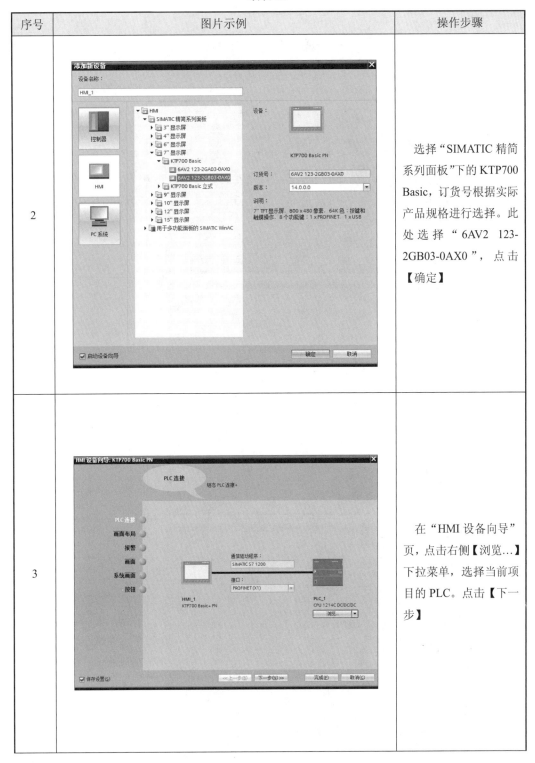	选择"SIMATIC 精简系列面板"下的 KTP700 Basic,订货号根据实际产品规格进行选择。此处选择"6AV2 123-2GB03-0AX0",点击【确定】
3		在"HMI 设备向导"页,点击右侧【浏览…】下拉菜单,选择当前项目的 PLC。点击【下一步】

续表 6.7

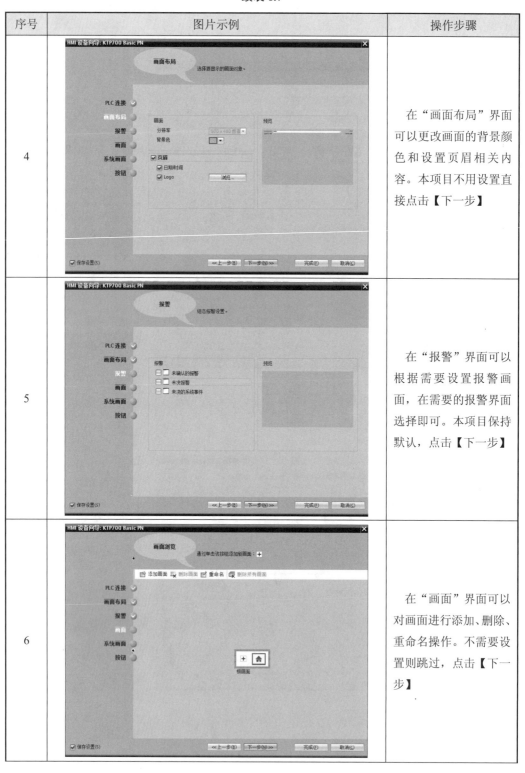

序号	图片示例	操作步骤
4		在"画面布局"界面可以更改画面的背景颜色和设置页眉相关内容。本项目不用设置直接点击【下一步】
5		在"报警"界面可以根据需要设置报警画面，在需要的报警界面选择即可。本项目保持默认，点击【下一步】
6		在"画面"界面可以对画面进行添加、删除、重命名操作。不需要设置则跳过，点击【下一步】

续表 6.7

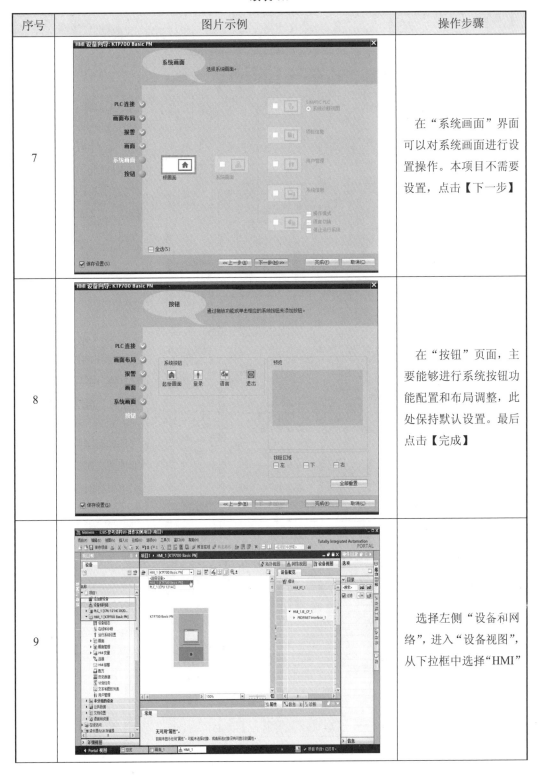

续表 6.7

序号	图片示例	操作步骤
10		点击 HMI，选择"属性"选项卡，进入"常规"→"PROFINET 接口[X1]"，将 IP 地址改为"192.168.1.120"，子网掩码为"255.255.255.0"
11		首先设置触摸屏背景。在左侧列表中选择"HMI_1[KTP700 Basic PN]"，点击"画面 1"，在右侧工具箱中，选择"基本对象"里的"图形视图"图标
12		双击图形视图，在画面中会显示一个小图标，点击左下角的插入图片图标

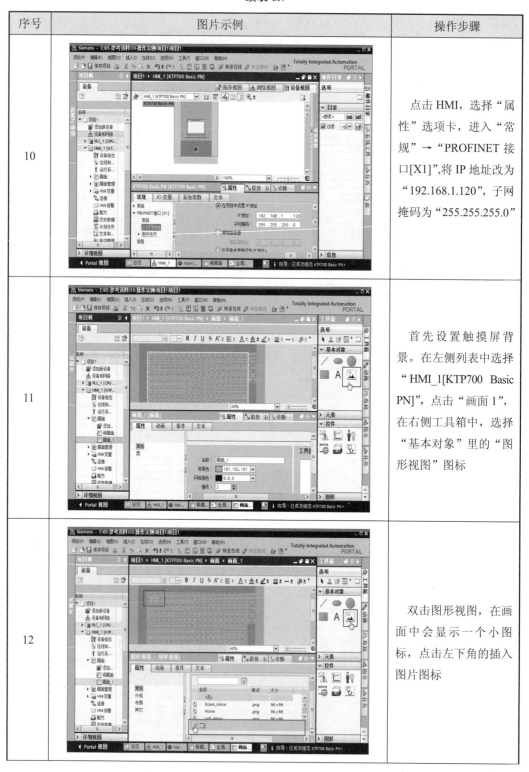

续表 6.7

序号	图片示例	操作步骤
13		选择需要的图片，点击打开
14		图片插入完成后需要用鼠标调整图片大小
15		调整完毕后的界面如图所示

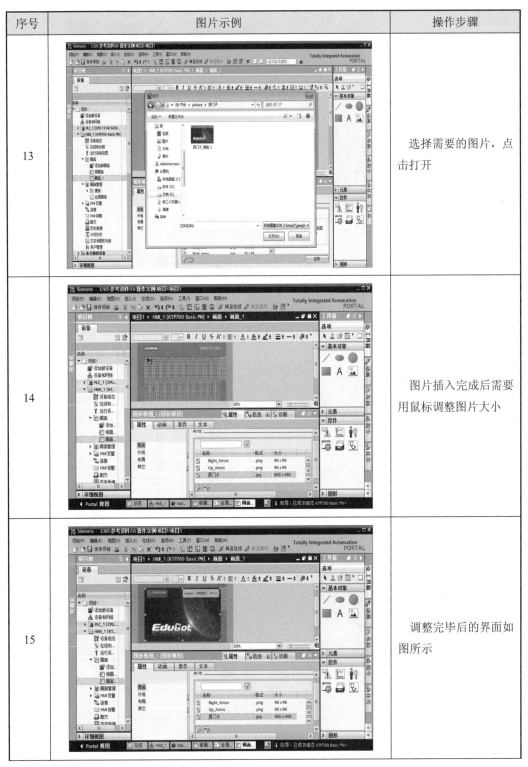

续表 6.7

序号	图片示例	操作步骤
16	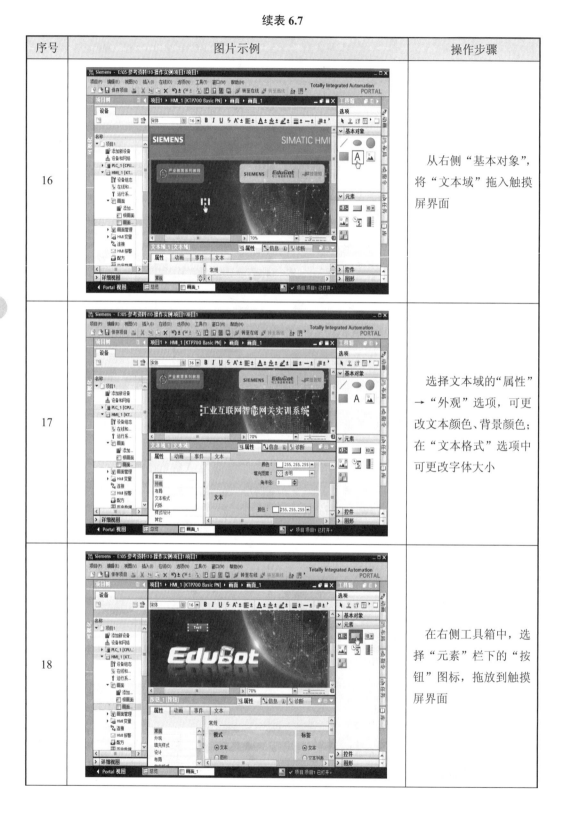	从右侧"基本对象",将"文本域"拖入触摸屏界面
17		选择文本域的"属性"→"外观"选项,可更改文本颜色、背景颜色;在"文本格式"选项中可更改字体大小
18		在右侧工具箱中,选择"元素"栏下的"按钮"图标,拖放到触摸屏界面

续表 6.7

序号	图片示例	操作步骤
19	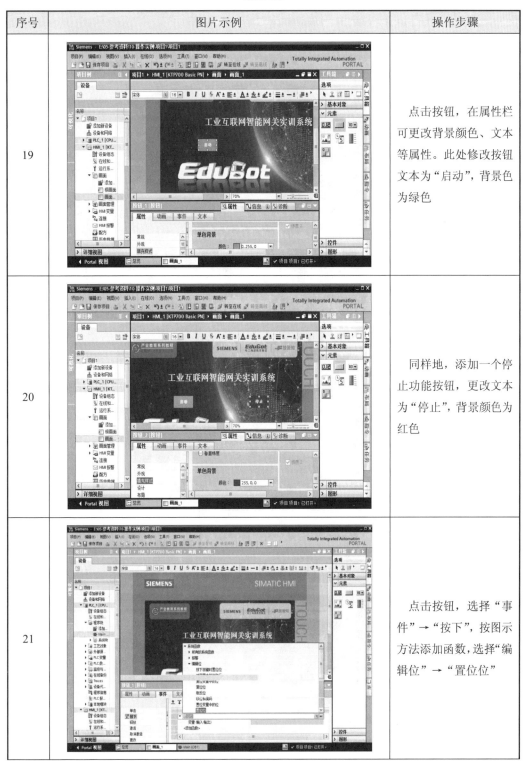	点击按钮，在属性栏可更改背景颜色、文本等属性。此处修改按钮文本为"启动"，背景色为绿色
20		同样地，添加一个停止功能按钮，更改文本为"停止"，背景颜色为红色
21		点击按钮，选择"事件"→"按下"，按图示方法添加函数，选择"编辑位"→"置位位"

续表 6.7

序号	图片示例	操作步骤
22	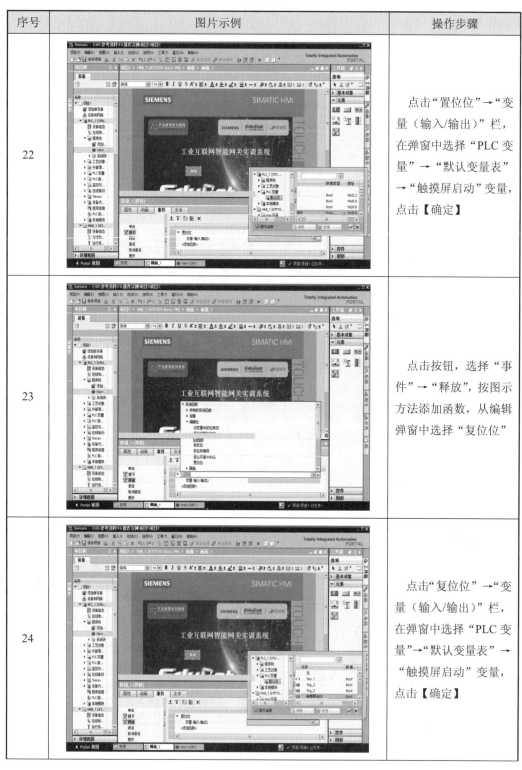	点击"置位位"→"变量（输入/输出）"栏，在弹窗中选择"PLC 变量"→"默认变量表"→"触摸屏启动"变量，点击【确定】
23		点击按钮，选择"事件"→"释放"，按图示方法添加函数，从编辑弹窗中选择"复位位"
24		点击"复位位"→"变量（输入/输出）"栏，在弹窗中选择"PLC 变量"→"默认变量表"→"触摸屏启动"变量，点击【确定】

续表 6.7

序号	图片示例	操作步骤
25	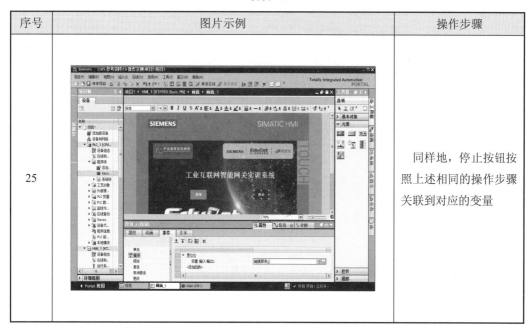	同样地，停止按钮按照上述相同的操作步骤关联到对应的变量

完成 PLC 程序下载的具体操作步骤见表 6.8。

表 6.8 PLC 程序的下载具体操作步骤

序号	图片示例	操作步骤
1		点击【程序块 Main 程序】，点击工具栏的【下载】按钮

续表 6.8

序号	图片示例	操作步骤
2	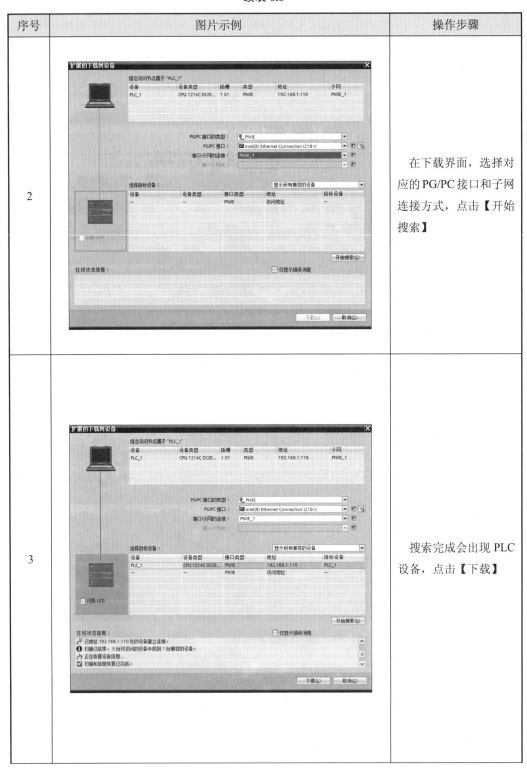	在下载界面，选择对应的 PG/PC 接口和子网连接方式，点击【开始搜索】
3		搜索完成会出现 PLC 设备，点击【下载】

续表 6.8

序号	图片示例	操作步骤
4		在弹出框中点击【在不同步的情况下继续】
5		点击【装载】
6		装载会执行一段时间，等待完成

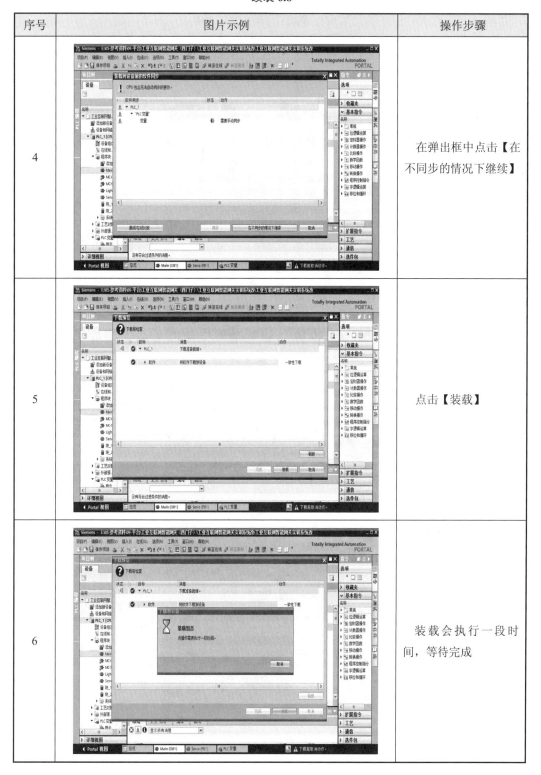

触摸屏下载的操作步骤见表6.9。

表6.9 触摸屏下载的操作步骤

序号	图片示例	操作步骤
1	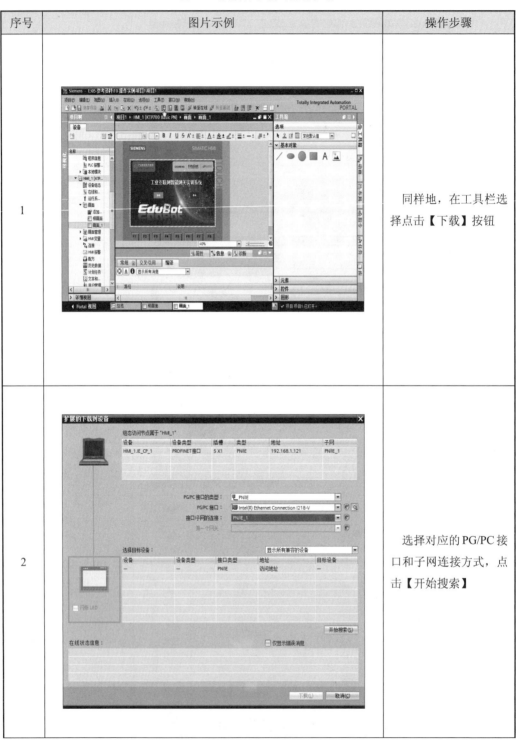	同样地，在工具栏选择点击【下载】按钮
2		选择对应的PG/PC接口和子网连接方式，点击【开始搜索】

续表 6.9

序号	图片示例	操作步骤
3		搜索完成会出现触摸屏 HMI 设备，点击【下载】
4		装载之前会进行编译组态
5		选中"全部覆盖"，点击【装载】

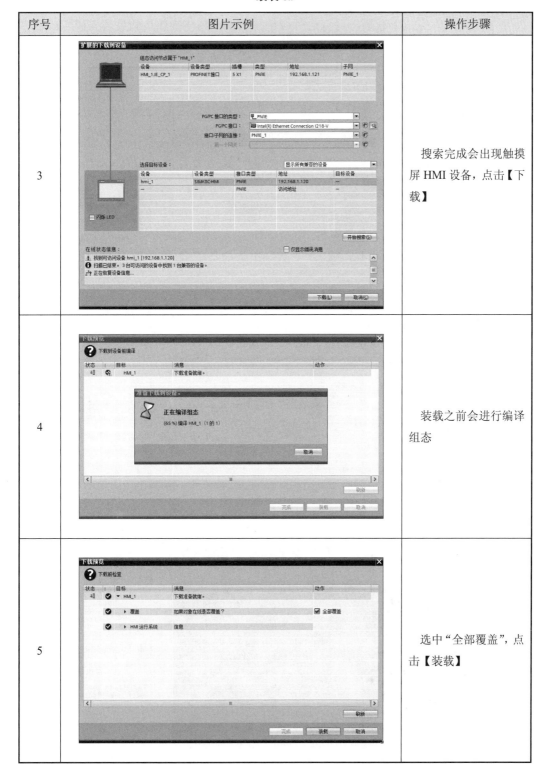

6.4.5 项目程序调试

所有程序编写完成下载后,可以进行调整与调试,具体操作步骤见表 6.10。

表 6.10 主程序调试

序号	图片示例	操作步骤
1		Node-RED 界面连线配置完成后,点击部署按钮
2		部署完成后,会显示链接的变量的状态
3		在浏览器输入"192.168.1.122:1880/ui",进入 dashboard 可视化界面,界面显示的内容是前面编程界面的内容

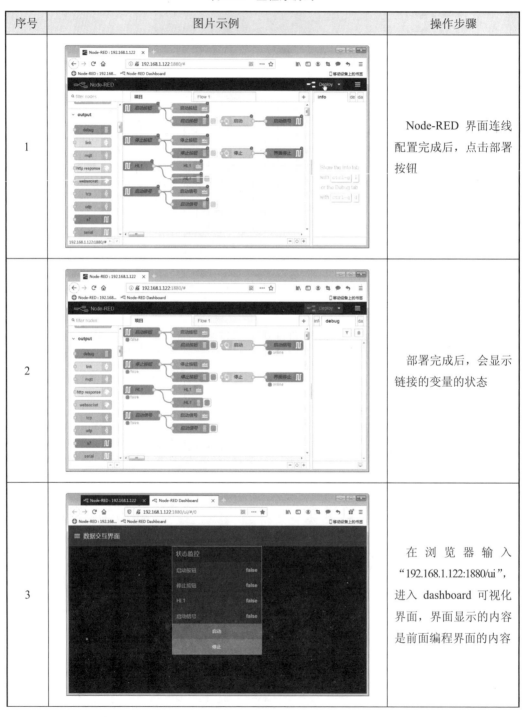

续表 6.10

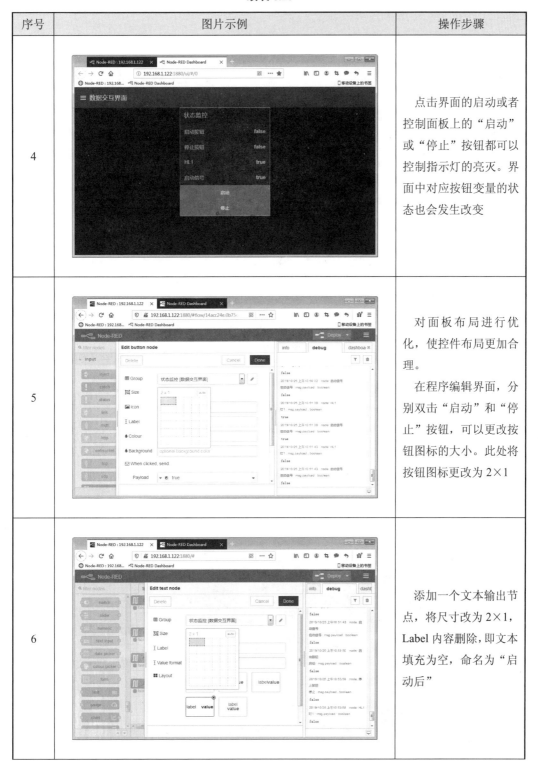

序号	图片示例	操作步骤
4		点击界面的启动或者控制面板上的"启动"或"停止"按钮都可以控制指示灯的亮灭。界面中对应按钮变量的状态也会发生改变
5		对面板布局进行优化，使控件布局更加合理。 在程序编辑界面，分别双击"启动"和"停止"按钮，可以更改按钮图标的大小。此处将按钮图标更改为 2×1
6		添加一个文本输出节点，将尺寸改为 2×1，Label 内容删除，即文本填充为空，命名为"启动后"

续表 6.10

序号	图片示例	操作步骤
7	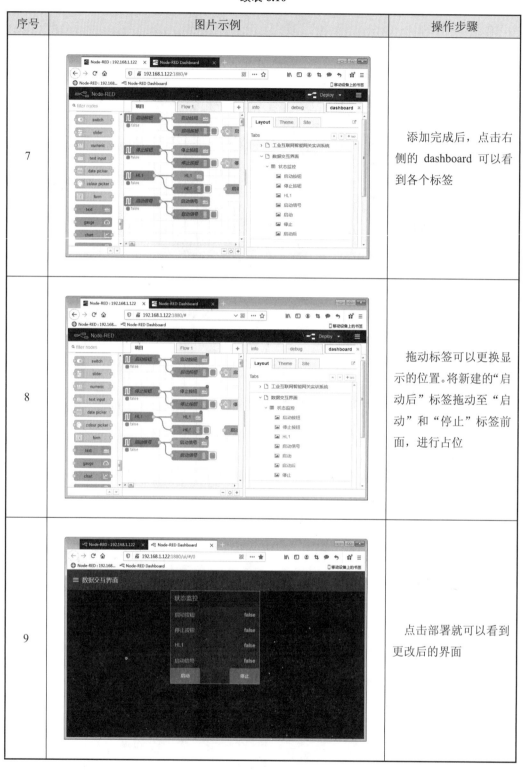	添加完成后,点击右侧的 dashboard 可以看到各个标签
8		拖动标签可以更换显示的位置。将新建的"启动后"标签拖动至"启动"和"停止"标签前面,进行占位
9		点击部署就可以看到更改后的界面

6.4.6 项目总体运行

项目设计完成后,点击启动按钮,信号灯 HL1 亮并延时 60 s,此时信号灯 HL1 熄灭,再经过 1 s 延时,信号灯 HL1 再次点亮形成循环。项目总体运行效果如图 6.5 所示。

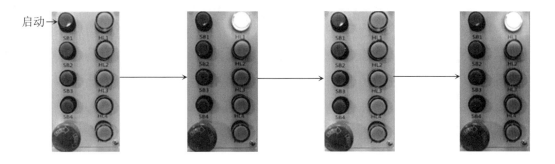

图 6.5　项目总体运行效果

6.5　项目验证

6.5.1　效果验证

按照 6.4.6 节,运行项目程序,检查各个功能按钮是否能够正常控制指示灯,并能够在触摸屏和智能网关的可视化界面上能够对信号状态进行显示。效果验证流程如图 6.6 所示。

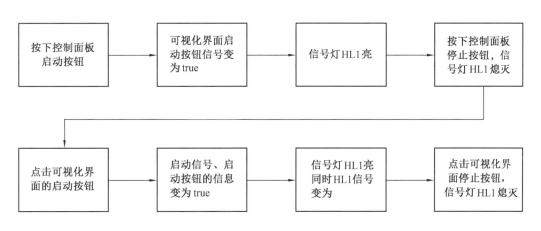

图 6.6　效果验证流程图

6.5.2　数据验证

数据验证主要对相关节点输出的变量情况进行查看,流程见表 6.11。

表 6.11 数据验证流程

序号	图片示例	操作步骤
1	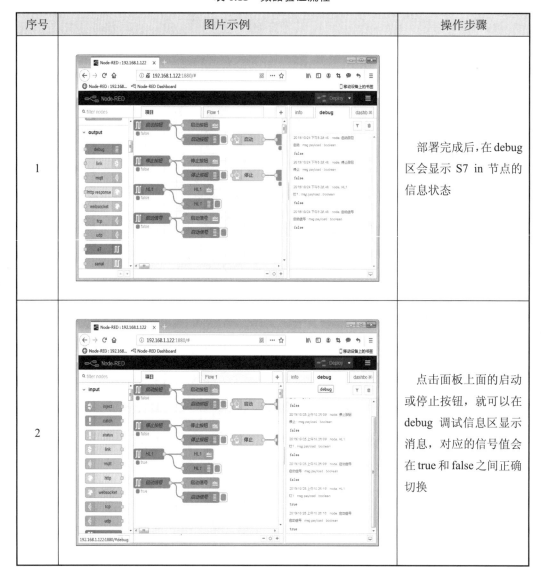	部署完成后，在 debug 区会显示 S7 in 节点的信息状态
2		点击面板上面的启动或停止按钮，就可以在 debug 调试信息区显示消息，对应的信号值会在 true 和 false 之间正确切换

6.6 项目总结

6.6.1 项目评价

项目评价表见表 6.12。通过对整个项目的练习，评价对智能网关采集 PLC 数据的应用掌握情况。

表 6.12 项目评价表

项目指标		分值	自评	互评	评分说明
项目分析	1. 硬件架构分析	6			
	2. 项目流程分析	6			
项目要点	1. PLC 基础	8			
	2. S7 通信协议	8			
	3. S7 节点	8			
项目步骤	1. 应用系统连接	9			
	2. 应用系统配置	9			
	3. 主体程序设计	9			
	4. 关联程序设计	9			
	5. 项目程序调试	9			
	6. 项目运行调试	9			
项目验证	1. 效果验证	5			
	2. 数据验证	5			
合计		100			

6.6.2 项目拓展

在工业控制中，某些物理量（例如压力、温度、湿度、流量、转速等）是连续变化的，它们首先需要被转化为 4～20 mA、0～10 V 等范围的模拟量信号，PLC 用模拟量输入模块将模拟量转换为数字量，存储到内部寄存器中供后续计算使用。

利用 PLC 采集和转换的模拟量数据，SIMATIC IOT2040 智能网关与 PLC 进行数据交互。编写 PLC 程序将模拟量转化为数字量，确定数据的地址。基于 SIMATIC IOT2040 智能网关，通过 S7 协议实现数据的读取，在可视化界面上监控各项数据变化情况。

第 7 章　智能网关与伺服系统的数据交互项目

7.1　项目目的

7.1.1　项目背景

※　智能网关与伺服系统的数据交互项目目的

伺服系统是用来精确地跟随或复现某个指令的反馈控制系统。而伺服电机控制系统主要包括伺服驱动器和伺服电动机两个组成部分，伺服电动机是主要的动力产生装置，它可以将电能转化为电机的输出转矩和转速以驱动控制对象；伺服驱动器是根据指令信号实现对伺服电机的精确控制，如位置、速度、转矩等。随着国内装备制造业整体性的产业升级，其自动化、数控化、智能化的发展方向为伺服电机产品提供了十分广阔的市场空间，无论是数控机床（NC）、工业机器人以及工厂自动化（FA）、办公自动化（OA）、家庭自动化（HA）等领域，都离不开伺服电动机及其伺服控制系统。

伺服电机控制系统作为机床、印刷设备、包装设备、纺织设备、激光加工设备、机器人、自动化生产线等自动化设备的动力执行机构，是大量的现场生产、运行数据的直接产生源，通过采集相关数据可以及时了解设备的运行状态、过程数据、常发故障等，为设备的预防性维护提供了可靠的数据支撑。

7.1.2　项目目的

（1）了解伺服系统的基础知识。
（2）熟悉伺服系统的配置、设置方法。
（3）掌握伺服系统的简单应用。
（4）掌握 PLC 的编程。
（5）掌握 Node-RED 编程设计。
（6）掌握伺服系统与网关的数据交互。

7.1.3　项目内容

本项目主要是基于 SIMATIC IOT2040 工业智能网关，采集交流伺服系统等相关设备的数据，并在可视化界面上进行远程监控。

通过本项目可以实现对交流伺服系统的多种控制，如采用机械硬件开关控制和可视化界面的启停控制，从而更好地掌握工业智能网关及 Node-RED 编程应用。

7.2 项目分析

7.2.1 项目构架

本项目是基于 SIMATIC IOT2040 实现对伺服系统控制和交互的项目。本项目主要组成包括 SIMATIC IOT2040 智能网关模块、PLC、伺服系统。以工业交换机模块为桥梁、通过 TCP/IP 协议、PROFINET 协议和 S7 协议三种类型的协议实现系统的配置和数据交互。项目构架图如图 7.1 所示。

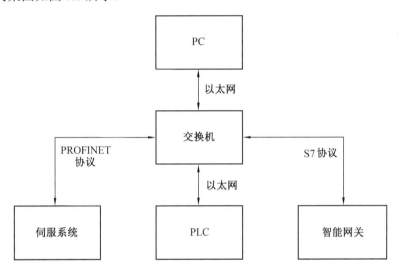

图 7.1　项目架构图

7.2.2 项目流程

本项目需要首先完成对 PLC、伺服系统的初始设置和关联程序设计，再使用智能网关对伺服系统进行数据采集，实现对系统的整体监控。项目流程如图 7.2 所示。

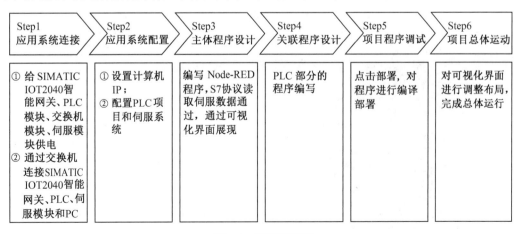

图 7.2　项目流程图

7.3 项目要点

7.3.1 西门子伺服系统选择

※ 智能网关与伺服系统的数据交互项目要点

本项目采用西门子 SINAMICS V90 伺服驱动器和 SIMOTICS S-1FL6 伺服电机组成的交流伺服系统，该系统具有卓越的伺服控制性能，可实现精确的位置控制、速度控制和扭矩控制。

SINAMICS V90 根据不同的应用分为两个版本：脉冲版本（集成了脉冲，模拟量，USS/MODBUS）和 PROFINET 通信版本。SINAMICS V90 脉冲版本实现内部定位块功能，同时具有脉冲位置控制，速度控制，力矩控制模式可供选择。SINAMICS V90 PN 版本（通信功能版本）集成了 PROFINET 接口，可以通过 PROFIdrive 协议与上位控制器进行通信只需一根电缆即可实时传输用户、过程数据以及诊断数据。

网络化是未来伺服系统的发展趋势，不仅能够在配线上极大简化，提高可靠性，而且在数据传输能力上具有极大提升。本项目所采用的是具有 PROFINET 通信功能的伺服系统，可以使用工业网关进行多种数据采集和远程控制。

7.3.2 实时运动控制系统构建

S7-1200 系列 PLC 具有运动控制功能组件，支持轴的定位控制。可以通过 PROFINET 通信方式连接西门子的伺服驱动器，用于进行伺服电机的运动。伺服系统将作为从站集成到硬件组态中，在用户程序中执行运动控制命令时，工艺对象用于控制驱动装置并读取位置编码器的值。驱动装置和编码器可通过 PROFI drive 报文进行连接。

将 S7-1214 与 SINAMICS V90 PN 伺服驱动器通过 PROFINET 通信进行连接。通过使用 V90 伺服驱动器的 GSD 文件，将其组态为 S7-1200 PLC 的 IO device，并且在 S7-1200 中以工艺对象的方式来实现定位控制功能。

伺服系统与 PLC 关联部分的项目配置具体操作步骤见表 7.1。

表 7.1 伺服系统与 PLC 关联部分的项目配置具体操作步骤

序号	图片示例	操作步骤
1		启动 TIA Portal 软件，选择"创建新项目"选择创建项目的名称和路径，单击【创建】

续表 7.1

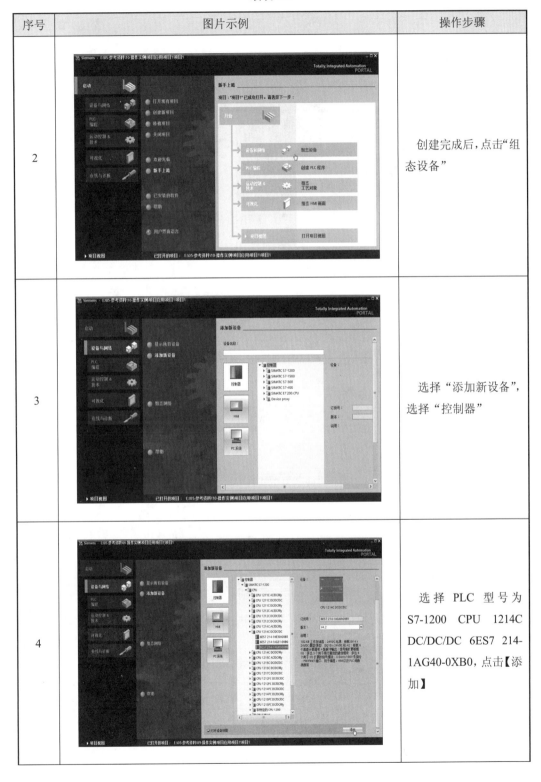

序号	图片示例	操作步骤
2		创建完成后,点击"组态设备"
3		选择"添加新设备",选择"控制器"
4		选择 PLC 型号为 S7-1200 CPU 1214C DC/DC/DC 6ES7 214-1AG40-0XB0,点击【添加】

续表 7.1

序号	图片示例	操作步骤
5		进入项目后，点击工具栏"选项"，选择"管理通用站管理描述文件"，弹出文件选择弹窗
6		添加 GSDML 文件，选择 GSDML 存放的路径，选中对应的 GSDML 文件，点击【安装】
7		点击"设备和网络"，双击添加的 PLC，点击"属性"→"PROFINET 接口"，更改 PLC 的 IP 地址为"192.168.1.110"

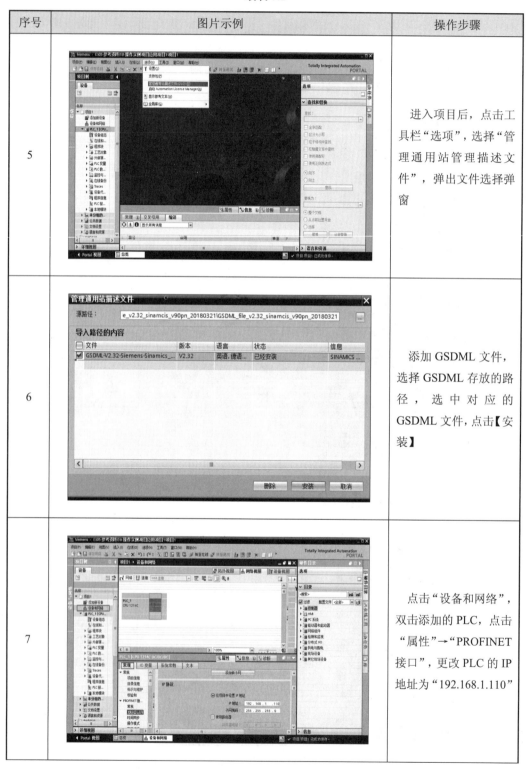

续表 7.1

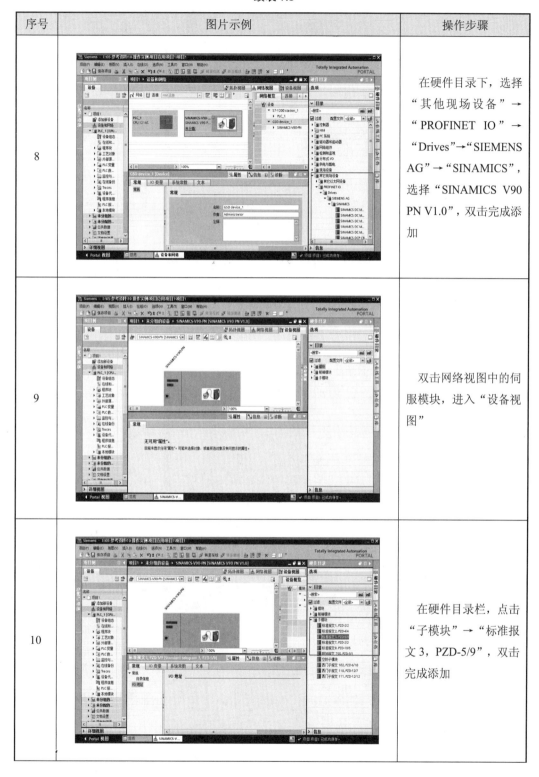

续表 7.1

序号	图片示例	操作步骤
11	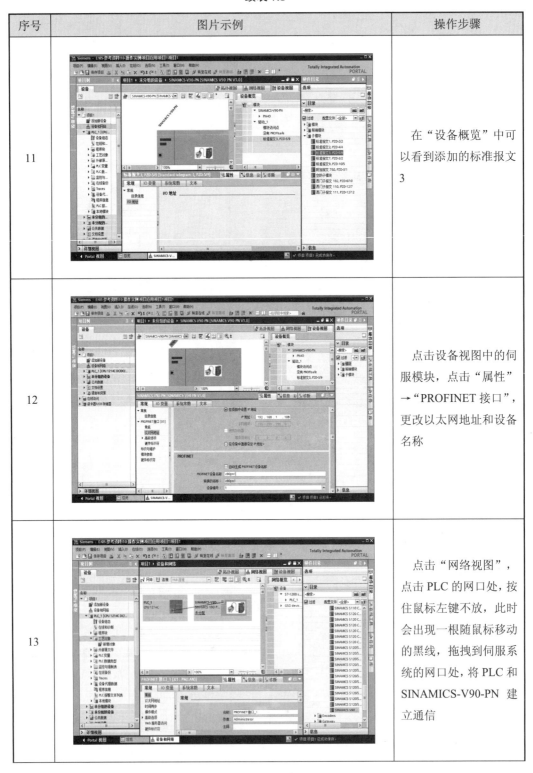	在"设备概览"中可以看到添加的标准报文3
12		点击设备视图中的伺服模块,点击"属性"→"PROFINET 接口",更改以太网地址和设备名称
13		点击"网络视图",点击 PLC 的网口处,按住鼠标左键不放,此时会出现一根随鼠标移动的黑线,拖拽到伺服系统的网口处,将 PLC 和 SINAMICS-V90-PN 建立通信

续表 7.1

序号	图片示例	操作步骤
14		在项目树中,选择"工艺对象",双击【新增对象】,弹出新增对象弹窗
15		选择轴,点击【确定】
16		新增轴完成之后,需要对轴进行组态

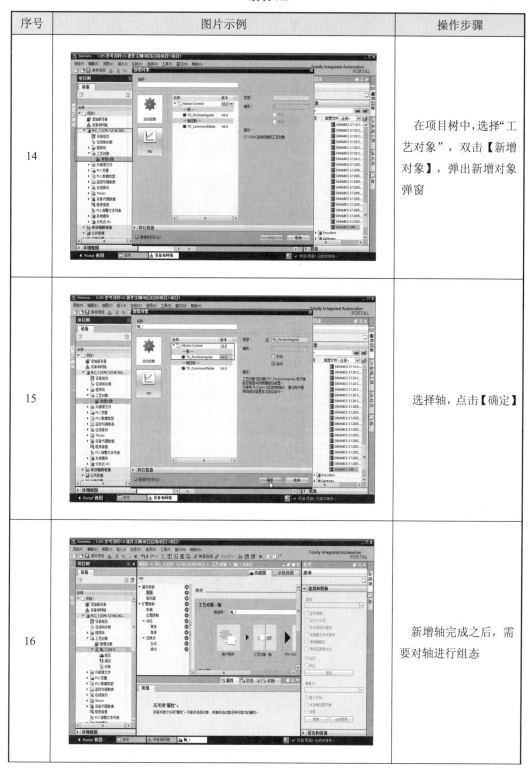

续表 7.1

序号	图片示例	操作步骤
17		驱动器选择"PROFIdrive",点击【确定】
18		点击基本参数中的"驱动器",选择"SINMICS-V90-PN",选择"驱动1",点击右下角【√】确定
19		点击基本参数中的"编码器",编码器连接选择PROFINET/PROFIBUS上的编码器,编码器选择编码器1、标准报文3

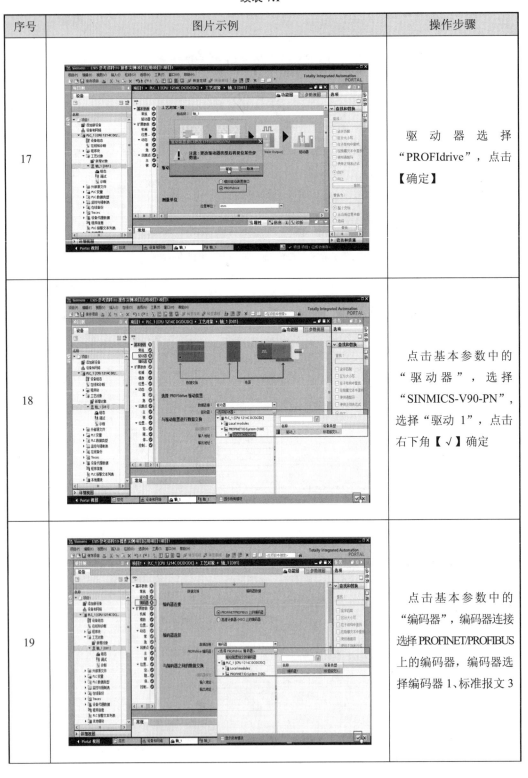

续表 7.1

序号	图片示例	操作步骤
20		项目编译无误后下载项目（具体操作步骤详见 PLC 程序下载），点击【调试】，使用"轴控制面板"测试轴的运行
21		轴的性能优化，点击"调试"，选择"调节"进行优化

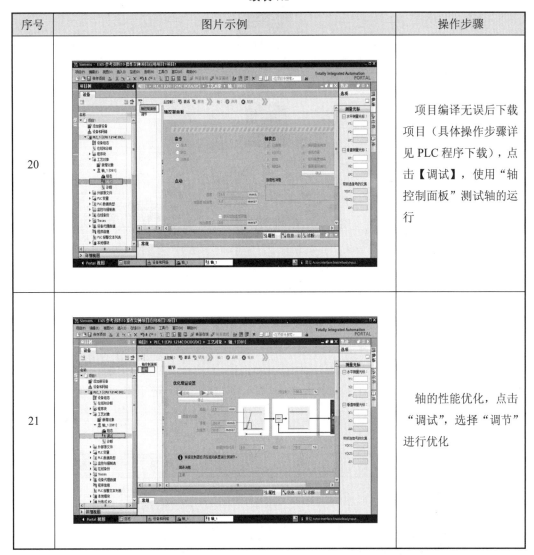

7.4 项目步骤

7.4.1 应用系统连接

应用系统主要组成包括 SIMATIC IOT2040 智能网关、西门子 S7-1200 系列 PLC、西门子伺服系统、计算机、工业交换机。各部件通过以太网线完成系统连接，应用系统连接示意图如图 7.3 所示。

※ 智能网关与伺服系统的数据交互项目步骤

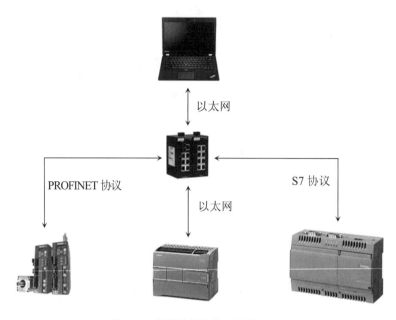

图 7.3 应用系统连接示意图

7.4.2 应用系统配置

本项目硬件系统的配置主要进行伺服系统的 IP 地址以及名称的配置，项目硬件配置具体操作步骤见表 7.2。

表 7.2 项目硬件配置

序号	图片示例	操作步骤
1	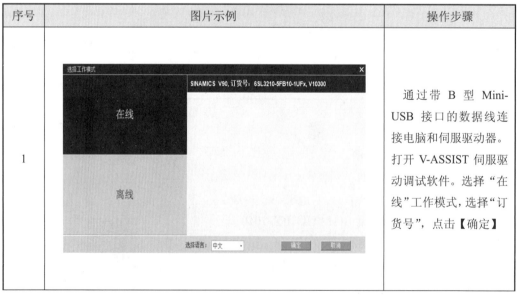	通过带 B 型 Mini-USB 接口的数据线连接电脑和伺服驱动器。打开 V-ASSIST 伺服驱动调试软件。选择"在线"工作模式，选择"订货号"，点击【确定】

续表 7.2

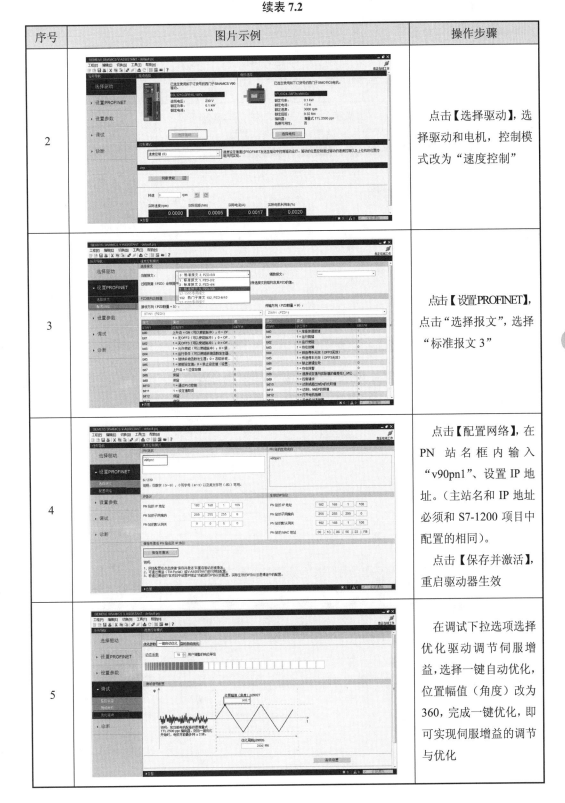

序号	图片示例	操作步骤
2		点击【选择驱动】，选择驱动和电机，控制模式改为"速度控制"
3		点击【设置PROFINET】，点击"选择报文"，选择"标准报文3"
4		点击【配置网络】，在PN站名框内输入"v90pn1"、设置IP地址。（主站名和IP地址必须和S7-1200项目中配置的相同）。点击【保存并激活】，重启驱动器生效
5		在调试下拉选项选择优化驱动调节伺服增益，选择一键自动优化，位置幅值（角度）改为360，完成一键优化，即可实现伺服增益的调节与优化

7.4.3 主体程序设计

主体程序设计见表 7.3。

表 7.3 主体程序设计

序号	图片示例	操作步骤
1		在浏览器中输入"192.168.1.122:1880",进入 Node-RED 编程界面
2		选择 S7 out 节点,拖动添加至编辑工作区域
3		按照之前相同的步骤,进入节点编辑界面,添加 S7 节点的 IP 地址为"192.168.1.110"。默认的"Port"端口号是"102","Rack"机架号为"0"、"Slot"槽号为"1"

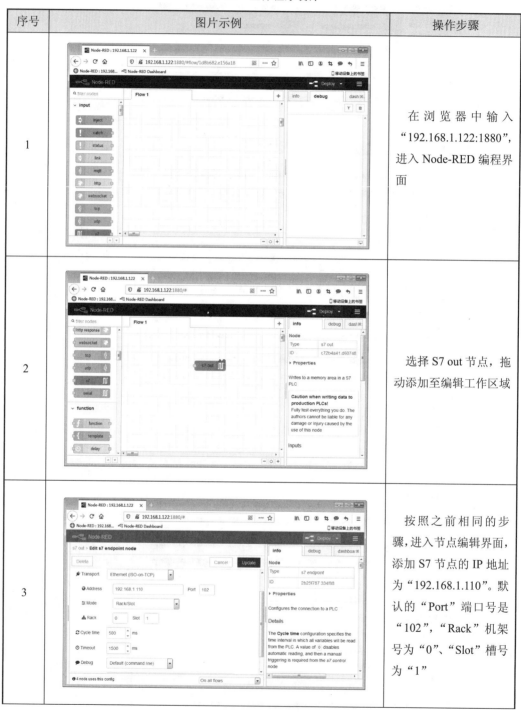

续表 7.3

序号	图片示例	操作步骤
4		点击编辑"Variables"变量选项卡，新增变量数据。如图所示，新增变量数据完成，点击【Update】更新
5		选择对应的变量，并将 S7 节点命名，然后点击【Done】返回
6		拖放一个 button 节点，双击进入节点编辑界面

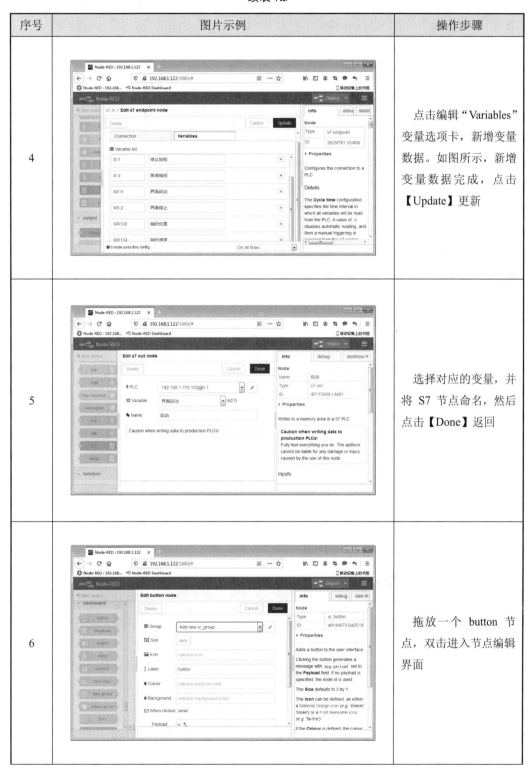

续表 7.3

序号	图片示例	操作步骤
7	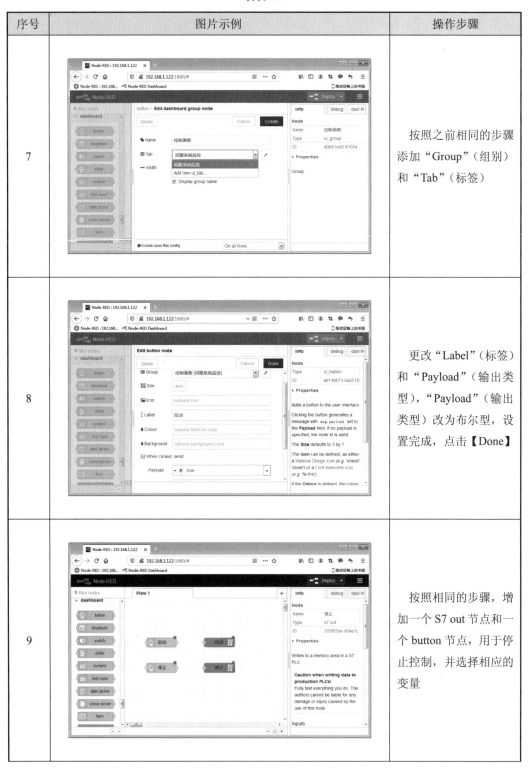	按照之前相同的步骤添加"Group"（组别）和"Tab"（标签）
8		更改"Label"（标签）和"Payload"（输出类型），"Payload"（输出类型）改为布尔型，设置完成，点击【Done】
9		按照相同的步骤，增加一个 S7 out 节点和一个 button 节点，用于停止控制，并选择相应的变量

续表 7.3

序号	图片示例	操作步骤
10		拖放一个 S7 in 节点，双击进入节点编辑界面，选择 PLC 对应的变量；"Mode"模式选择"Single variable"；并在"Variable"选择之前创建的"轴的位置"。然后点击【Done】，返回
11		拖放一个 text 输出节点，双击进入节点编辑界面
12		添加"Group"组别和"Tab"标签，更改"Label"标签

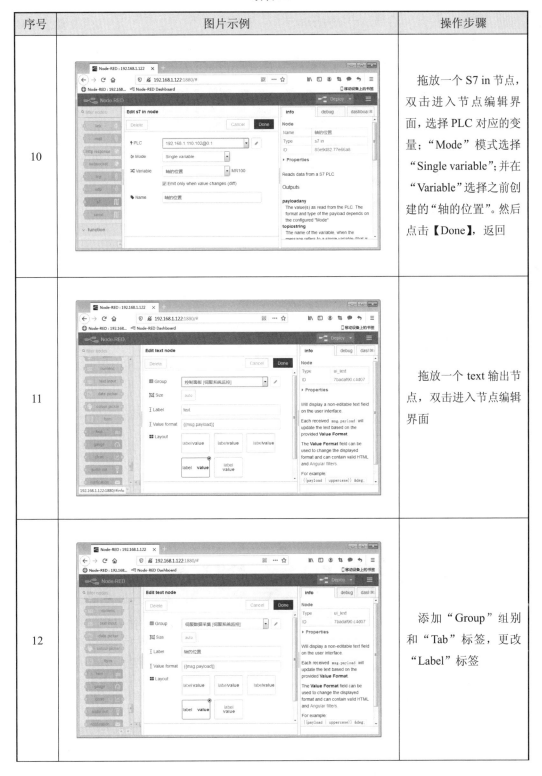

续表 7.3

序号	图片示例	操作步骤
13		按照相同的步骤，增加一个 S7 in 节点和一个 text 输出节点，并选择相应的变量，用于显示轴的速度
14		拖放一个 gauge 节点，双击节点进入节点编辑界面
15		添加"Group"（组别）和"Tab"（标签），更改"Label"（标签），更改变化范围

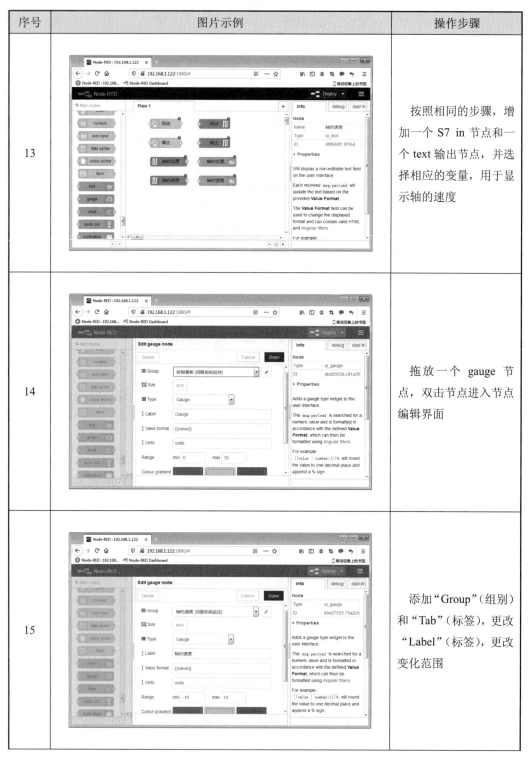

续表 7.3

序号	图片示例	操作步骤
16		按照图示将对应节点连线

7.4.4 关联程序设计

伺服系统作为智能网关数据采集的对象，首先需要根据项目任务要求基于 PLC 进行必要的运动控制编程，再由网关根据管理的变量地址进行程序的数据读取。

本项目中 PLC 主要根据外部按钮的启停信号，控制相应的伺服电机进行正反转循环运动。PLC 的关联程序设计操作见表 7.4。

表 7.4 关联程序设计

序号	图片示例	操作步骤
1		轴 1 使能

续表 7.4

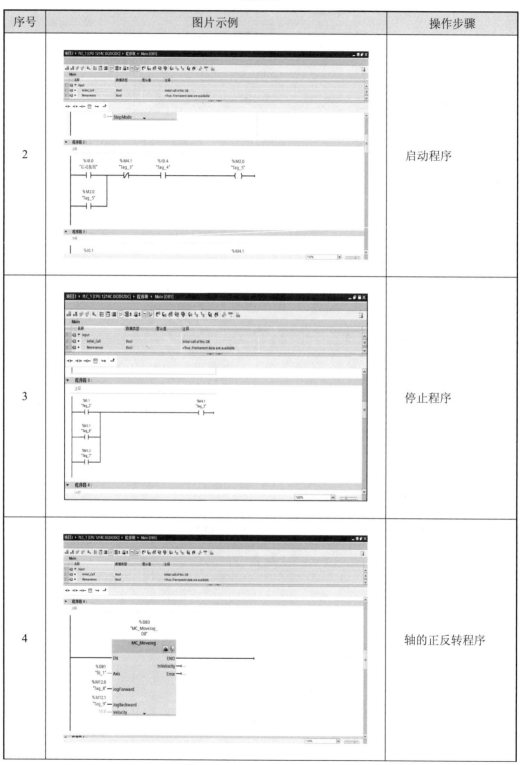

序号	图片示例	操作步骤
2		启动程序
3		停止程序
4		轴的正反转程序

续表 7.4

序号	图片示例	操作步骤
5	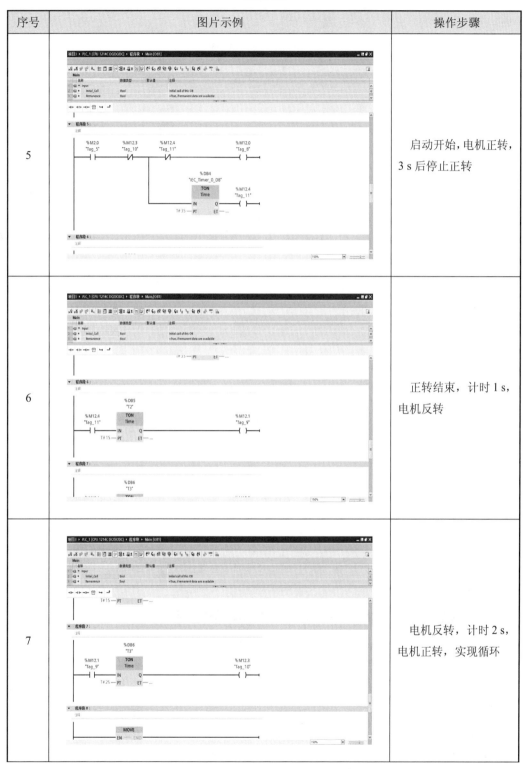	启动开始，电机正转，3 s 后停止正转
6		正转结束，计时 1 s，电机反转
7		电机反转，计时 2 s，电机正转，实现循环

续表 7.4

序号	图片示例	操作步骤
8	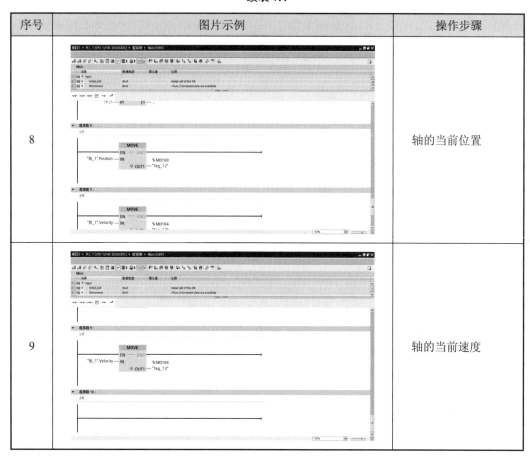	轴的当前位置
9		轴的当前速度

7.4.5 项目程序调试

所有程序编写完成下载后，可以进行调整与调试，项目程序调试见表 7.5。

表 7.5 项目程序调试

序号	图片示例	操作步骤
1	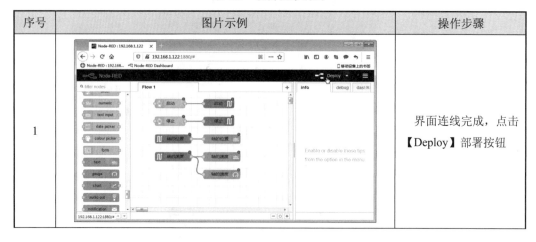	界面连线完成，点击【Deploy】部署按钮

续表 7.5

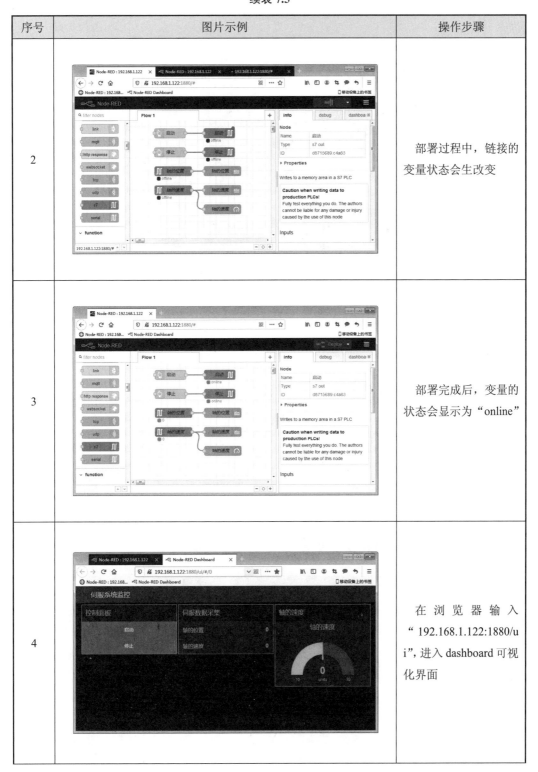

序号	图片示例	操作步骤
2		部署过程中,链接的变量状态会生改变
3		部署完成后,变量的状态会显示为"online"
4		在浏览器输入"192.168.1.122:1880/ui",进入 dashboard 可视化界面

续表 7.5

序号	图片示例	操作步骤
5		点击界面的【启动】图标或者控制面板的【启动】按钮,伺服电机开始运动,变量状态也会发生改变。同样地,停止过程也是如此
6		对面板布局进行优化,控件布局更加合理。 在程序编辑界面可以更改按钮图标的大小,将启动按钮图标的"Size"尺寸更改为"2×1",点击【Done】。同样地,更改停止按钮的图标大小
7		添加一个文本输出节点,将"Size"(尺寸)改为"2×1","Label"内容删除,即文本填充为空,命名为"启动后",点击【Done】

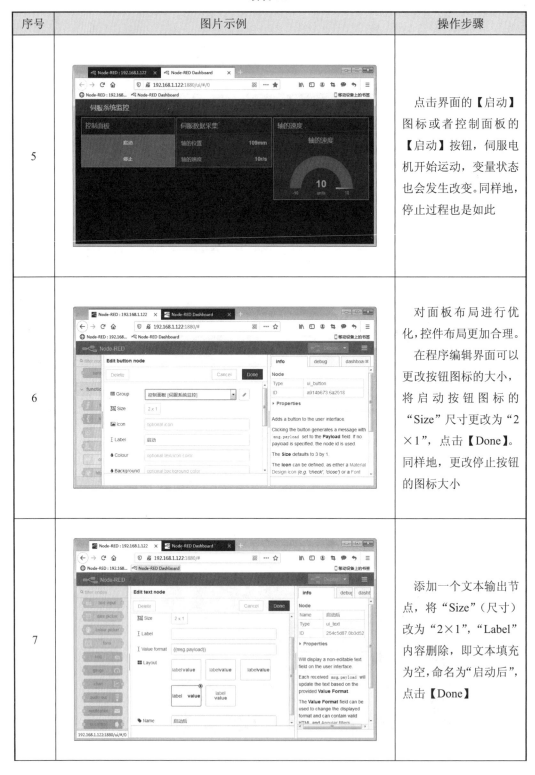

续表 7.5

序号	图片示例	操作步骤
8		添加两个 text 输出节点，将"Size"尺寸改为"6×1"，"Label"内容删除，分别命名为"启动前""停止后"，点击【Done】
9		点击"dashboard"选项，选择"Layout"，在 Tabs 选项选择"控制面板"
10		拖动图标，进行位置调整，用空标签占位，更改可视化界面各个图标的显示位置

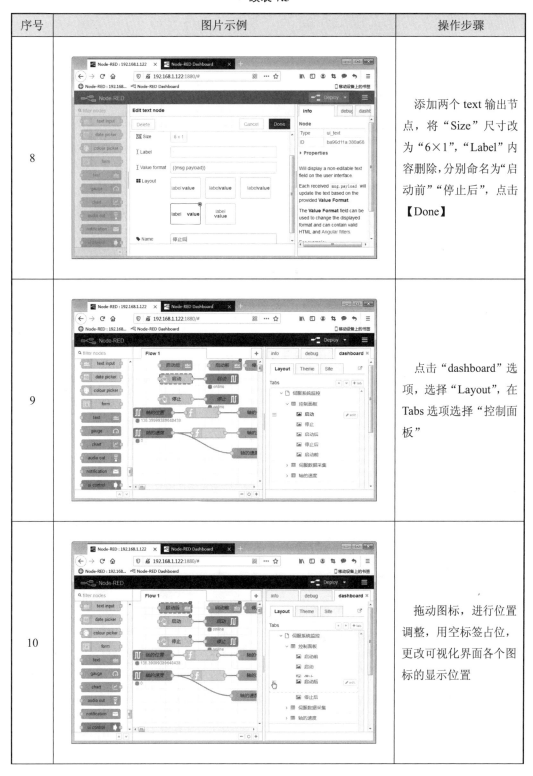

续表 7.5

序号	图片示例	操作步骤
11		按照显示的先后顺序布置节点位置
12		新增两个 text 文本节点，更改"Size"尺寸大小为"6×1"，名字分别命名为"标签1""标签2"，点击【Done】
13		在 dashboard 的布局界面调整标签的顺序

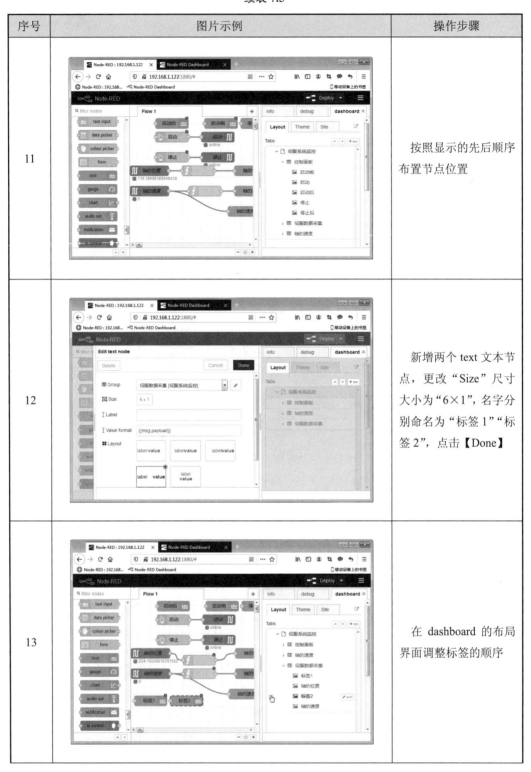

续表 7.5

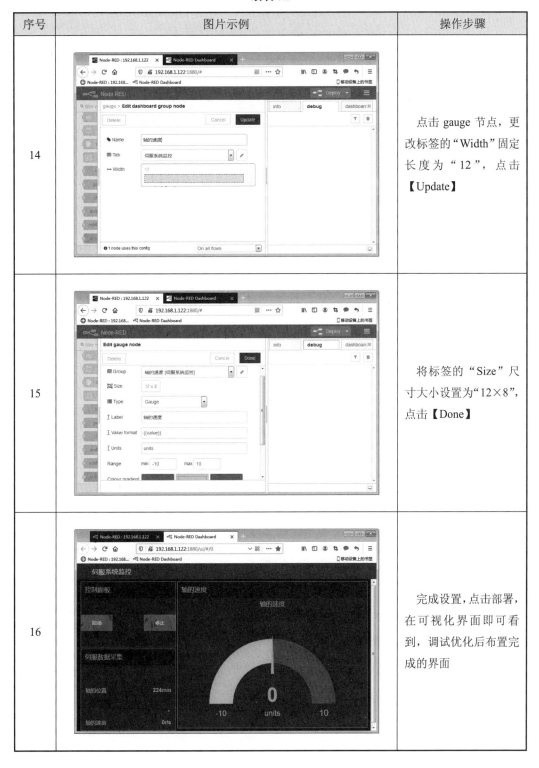

序号	图片示例	操作步骤
14		点击 gauge 节点，更改标签的"Width"固定长度为"12"，点击【Update】
15		将标签的"Size"尺寸大小设置为"12×8"，点击【Done】
16		完成设置，点击部署，在可视化界面即可看到，调试优化后布置完成的界面

7.4.6 项目总体运行

项目设计完成点击启动按钮,伺服电机开始顺时针旋转运动,循环时间为 3 s;3 s 后伺服电机停止运动,经过 1 s 延时,伺服电机逆时针运动,循环时间为 3 s;3 s 后伺服电机停止运动,经过 1 s 延时,伺服电机顺时针旋转,形成运动循环。

7.5 项目验证

7.5.1 效果验证

按照 7.4.6 节,运行项目程序,检查各个功能按钮是否能够正常控制伺服系统,并能够在智能网关的可视化界面上能够对伺服系统的状态进行显示。效果验证流程如图 7.4 所示。

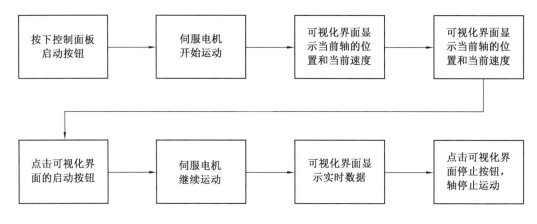

图 7.4 效果验证流程图

7.5.2 数据验证

数据验证主要对相关节点输出的变量情况进行查看,数据验证流程见表 7.6。

表 7.6 数据验证

序号	图片示例	操作步骤
1		添加两个 debug 节点
2		连接节点并点击【Deploy】部署
3		在 debug 信息调试区会有对应的输出数据

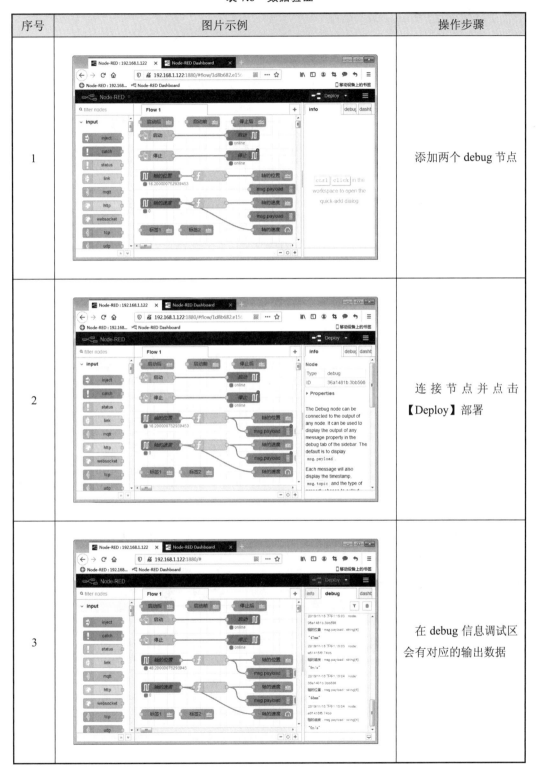

7.6 项目总结

7.6.1 项目评价

项目评价表见表7.7。通过对整个项目的练习,评价对智能网关与伺服系统进行数据交互过程的知识技能的掌握情况。

表7.7 项目评价表

项目指标		分值	自评	互评	评分说明
项目分析	1. 硬件架构分析	6			
	2. 项目流程分析	6			
项目要点	1. 伺服系统基础	8			
	2. 伺服系统设置	8			
项目步骤	1. 应用系统连接	9			
	2. 应用系统配置	9			
	3. 主体程序设计	9			
	4. 关联程序设计	9			
	5. 项目程序调试	9			
	6. 项目运行调试	9			
项目验证	1. 效果验证	9			
	2. 数据验证	9			
合计		100			

7.6.2 项目拓展

利用SIMATIC IOT2040智能网关可以读取到伺服系统的更多数据。通过程序设计,可确定伺服系统其他相关运行过程数据的地址,利用SIMATIC IOT2040智能网关将对应数据地址的数据通过S7协议进行读取,在可视化界面实时显示各项数据以及检测各个设备的状态。

第 8 章　智能网关与智能仪表的数据交互项目

8.1　项目目的

8.1.1　项目背景

※ 智能网关与智能仪表的数据交互项目目的

随着技术的不断发展和生产要求的提高，各类检测仪表也从传统的机械式仪表逐渐过渡到智能仪表。智能仪表不仅能解决传统仪表的固有问题，还能简化仪表电路，提高可靠性，从而更容易实现高精度、高性能、多功能的应用目的。智能仪表在完成数据采集后，可以进行预处理，通过强大的数据通信功能，很容易集成到工业网络总线系统中，为工厂数据化、智能化提供了强有力的支撑。

智能电力仪表是一种典型用于电力测量和检测的智能仪表。一般情况下，智能电力仪表集数据采集和控制功能于一身，具有电力参数测量及电能计量功能，提供通信和计算机监控连接接口，支持 MODBUS 等广泛应用的通信协议。

智能电力仪表具有精确的电力参数测量、电能质量参数监视和分析、电能量统计、越限报警、最值记录和事件顺序记录等功能，并可通过 I/O 模块实现对现场设备状态的监视、远程控制和报警输出。因此智能电力仪表被广泛用于中、低压变配电自动化系统、工业自动化系统、智能型开关柜、楼宇自动化系统、能源管理系统、工厂电量考核管理等场合。通过 SIMAITC IOT2040 智能网关与智能电力仪表进行数据交互，可以实时显示当前设备的用电量和状态，便于对工厂设备的管理与监测，为能源优化、电源质量改进等决策提供依据。

8.1.2　项目目的

（1）了解智能仪表的应用情况。
（2）熟悉智能仪表的配置过程。
（3）掌握智能网关的 MODBUS 通信协议应用方法。
（4）掌握编程界面可视化的优化调整。

8.1.3　项目内容

本项目主要是基于 SIMAITC IOT2040 智能网关采集智能电力仪表设备的用电相关信息。SIMAITC IOT2040 智能网关通过 Modbus RTU 协议采集智能电力仪表的内部数据，并在可视化界面上对数据结果进行图形化展现。利用可视化界面构建友好的人机交互接口，方便用户监控设备的实时状态，随时发现问题并做出响应。

8.2 项目分析

8.2.1 项目构架

本项目硬件主要包括 SIMATIC IOT2040 智能网关模块和智能仪表模块。智能电力仪表对设备用电情况进行检测，西门子 SIMATIC IOT2040 智能网关模块通过 Modbus RTU 协议与智能电力仪表进行通信，实现对设备用电量数据实现显示的功能。项目构架如图 8.1 所示。

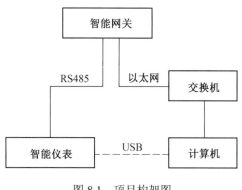

图 8.1 项目构架图

8.2.2 项目流程

本项目首先需要完成对智能电力仪表的相关配置，使其能够正确地对设备用电情况进行检测；然后，再使用智能网关对智能电力仪表设备进行数据采集、显示。项目流程如图 8.2 所示。

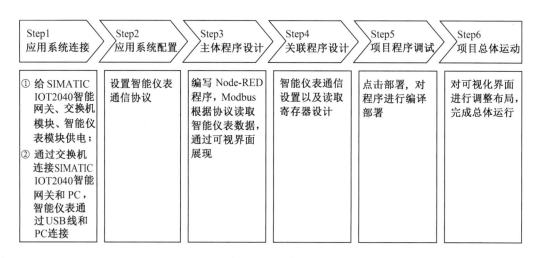

图 8.2 项目流程图

8.3 项目要点

8.3.1 智能仪表

本项目采用松下 KW9M 型智能电力监控表。该仪表能够对多种线制的供电系统进行电力、电压、电流、功率因数、电源频率等测量。除此之外，也可以显示和存储高次谐波、THD（总谐波失真）等信息。

※ 智能网关与智能仪表的数据交互项目要点

智能仪表配套的 Configurator KW9M 软件，是一种可通过 USB、串口、以太网等方式，由计算机轻松设定电力监控表的各项内容的软件。该软件可方便用户快速地对智能仪表进行初始配置。

8.3.2 Modbus RTU 通信协议

Modbus 通信协议由 Modicon 公司于 1979 年发明，是全球最早用于工业现场的总线协议标准。Modbus 通信协议采用的是主从通信模式（即 Master/Slave 通信模式），在工业领域得到了广泛的应用。

Modbus 通信协议具有多个变种，其中最常用的是 Modbus RTU、Modbus ASCII 和 Modbus TCP 三种。其中，Modbus RTU 协议是支持 RS-485 总线的通信协议，其采用二进制表现形式以及紧凑数据结构，通信效率较高，在工业现场一般都是采用 Modbus RTU 协议。

本项目中，智能电力仪表和工业智能网关将采用 Modbus RTU 协议进行数据交互。

Modbus RTU 协议是一种主从通信协议。在一个通信网络中，只能有一个主机存在，其余的都为从机。通信发生在主机和被寻址的从机之间，从机之间不能相互通信。主从设备通信采用如图 8.3 所示的 Modbus RTU 通信协议数据帧格式。

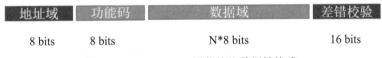

图 8.3 Modbus RTU 通信协议数据帧格式

其中：

（1）地址域表示用户指定的通信网络中终端设备的通信地址，取值在 0~255 之间，同一个通信网络中每个终端设备的地址必须是唯一的。

（2）功能码主要告知被寻址到的从机终端设备执行何种数据反馈，见表 8.1。

表 8.1 MODBUS RTU 功能码

功能码	功能
01 (0x01)	读线圈
02 (0x02)	读离散量输入
03 (0x03)	读保持寄存器
04 (0x04)	读输入寄存器
05 (0x05)	写单个线圈
06 (0x06)	写单个寄存器
15 (0x0F)	写多个线圈
16 (0x10)	写多个寄存器

（3）数据域包含了从机执行特定功能所需要的数据或者响应主机查询时采集到的数据反馈。这些数据的内容可能是数值、参考地址或者设置值等。例如：功能域码告诉终端读取一个寄存器（0x03），数据域则需要指明从哪个寄存器开始及读取多少个数据。

（4）差错校验主要用于主从设备在接收完一帧数据后，检查传输过程中是否存在错误，用于数据校验，该域占 2 个字节长度。在数据传送过程中，由于电噪声或其他干扰的存在，可能出现数据丢失或错误的情况，差错校验能够让主机和从机及时发现错误的数据帧，提高了系统的安全性。差错校验使用一般 16 位循环冗余的方法（CRC16），读者可以自行查阅相关资料了解校验码的生成计算方法。

8.3.3 Node-RED 中的 Modbus RTU 通信节点

Node-RED 中的 Modbus RTU 通信节点支持广泛的设备通信。可采用串行通信方式与 MODBUS 从机设备进行数据通信。

在使用该节点进行通信之前，需要配置端口、设置波特率、通信格式等参数，以使 SIMATIC IOT2040 智能网关能够与外部串行设备进行通信，Modbus RTU 通信节点具体操作步骤见表 8.2。

表 8.2 Modbus RTU 通信节点

序号	图片示例	操作步骤
1		打开 Node-RED 编程界面，拖放一个 modbus 节点"Modbus-Serial In"

续表 8.2

序号	图片示例	操作步骤
2		双击节点，进入节点编辑界面，点击添加新的"modbusSerialConfig"节点
3		添加新的节点信息，选择"Port"（端口号），设置"Baud Rate"（波特率）、"Data Bits"（数据位数）、"Stop Bits"（停止位）。设置完成后点击【添加】，返回节点编辑界面
4		添加"Slaves"从站号，从站号要与实际设备的地址相同。从"Type"下拉中选择通信数据类型，此处选择"Holding Register"保持寄存器
5		填写希望读取的寄存器的起始地址和读取的"Count"（数量）

续表 8.2

序号	图片示例	操作步骤
6		添加 debug 节点，完成节点连线并点击【部署】

8.4 项目步骤

8.4.1 应用系统连接

※ 智能网关与智能仪表的数据交互项目步骤

应用系统主要组成包括 SIMATIC IOT2040 智能网关、智能电力仪表、计算机（PC）、工业交换机，各设备间通过以太网或 USB 方式完成配置和通信连接，应用系统连接如图 8.4 所示。

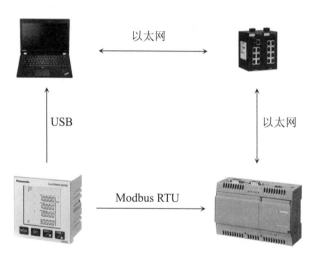

图 8.4　应用系统连接图

8.4.2 应用系统配置

在使用智能仪表前，需要对智能仪表进行通信初始配置，如通信协议选择、通信数据格式等。智能仪表的应用系统主要配置内容及操作步骤见表 8.3。

表 8.3 智能仪表的应用系统主要配置内容及操作步骤

序号	图片示例	操作步骤
1	SET PASS 0---	按下电表上的【MODE】按键,进入 SET 设置密码界面
2	Poy	按下【SET】按键,跳过密码设置界面,进入设置流程
3	Con	按下【SHIFT】按键,选择串行通信(RS485)通信协议项
4	Con Prot nodr	按下【ITEM】按键,选择 MODBUS(RTU)通信协议

续表 8.3

序号	图片示例	操作步骤
5	Con no 1	MODBUS（RTU）的设备地址设定范围为"1-247"，本例中设定为"1"
6	Con SPd 9600	通信速率设定范围包括"1200、2400、4800、9600、19200、38400、57600、115200"。通信速率的设定需要保证主从站一致性。本例中设置通信速率为"9600"
7	Con Fnt 8b-n	通信格式设定范围分为"8b-o（8bit 奇校验）""8b-n（8bit 无校验）""8b-E（8bit 偶校验）"，本例中设置通信格式为"8b-n"（8bit 无校验）
8	Con StoP 1	停止位的设定范围为"1~2"，本例中设置停止位为"1"

续表 8.3

序号	图片示例	操作步骤
9	Con rESP 1	通信响应时间是接收到了命令后，如果到了设定时间，则发送响应信号。通信响应时间的取值范围为"1~99 ms"。本例中设置通信响应时间为"1 ms"

根据智能仪表的总线类型，需要将智能网关的端口设置为 RS485 通信形式，设置过程见表 8.4。

表 8.4 智能网关端口配置

序号	图片示例	操作步骤
1		打开 PuTTY 软件，输入智能网关 X1P 口的 IP 地址：192.168.200.1，端口为 22，点击【Open】
2		计算机和 SIMAITC IOT2040 正常连接，输入默认的用户名"root"

续表 8.3

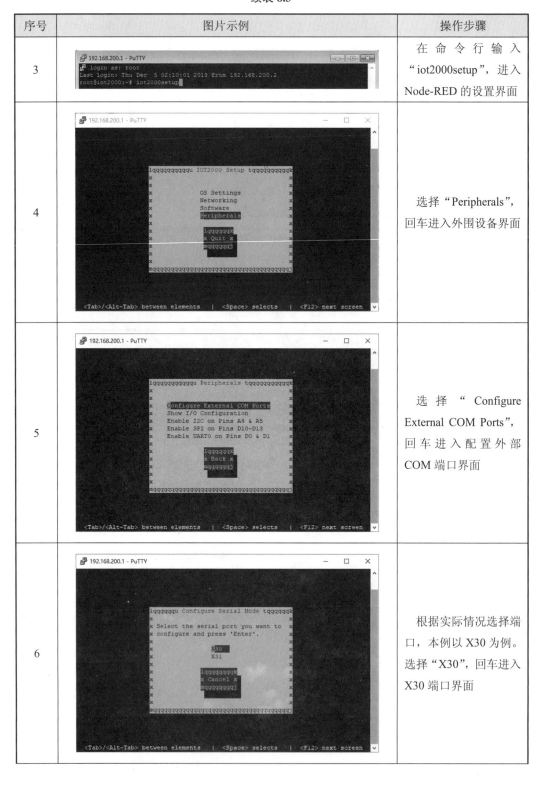

序号	图片示例	操作步骤
3		在命令行输入"iot2000setup",进入Node-RED的设置界面
4		选择"Peripherals",回车进入外围设备界面
5		选择"Configure External COM Ports",回车进入配置外部COM端口界面
6		根据实际情况选择端口,本例以X30为例。选择"X30",回车进入X30端口界面

续表 8.3

序号	图片示例	操作步骤
7	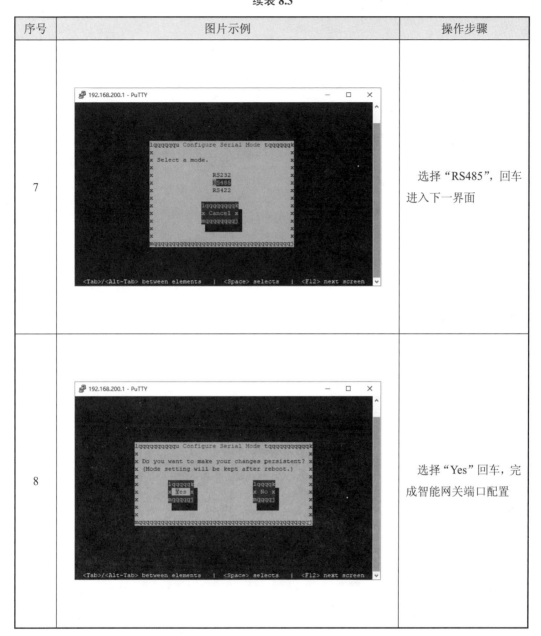	选择"RS485",回车进入下一界面
8		选择"Yes"回车,完成智能网关端口配置

8.4.3 主体程序设计

在进行主体程序设计之前需要通过智能电力仪表的"数据手册"查询需要读取的电力性能指标所对应的寄存器地址,关于此部分的详细内容见 8.4.4 节的"关联程序设计"。

智能网关的主体程序设计见表 8.5。

表 8.5 主体程序设计

序号	图片示例	操作步骤
1	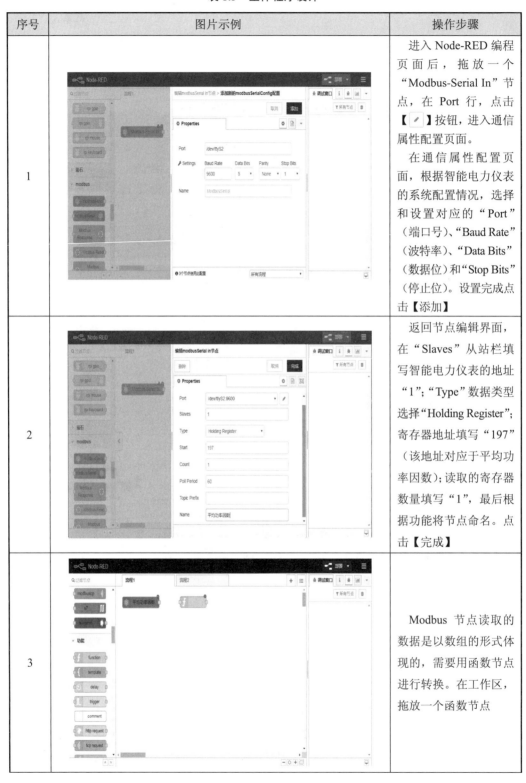	进入 Node-RED 编程页面后，拖放一个"Modbus-Serial In"节点，在 Port 行，点击【✎】按钮，进入通信属性配置页面。 在通信属性配置页面，根据智能电力仪表的系统配置情况，选择和设置对应的"Port"（端口号）、"Baud Rate"（波特率）、"Data Bits"（数据位）和"Stop Bits"（停止位）。设置完成点击【添加】
2		返回节点编辑界面，在"Slaves"从站栏填写智能电力仪表的地址"1"；"Type"数据类型选择"Holding Register"；寄存器地址填写"197"（该地址对应于平均功率因数）；读取的寄存器数量填写"1"，最后根据功能将节点命名。点击【完成】
3		Modbus 节点读取的数据是以数组的形式体现的，需要用函数节点进行转换。在工作区，拖放一个函数节点

续表 8.5

序号	图片示例	操作步骤
4		平均功率因数是有符号 16 位数据，需要进行转换。 编写图示的函数代码，此处功能函数节点的功能是将十六进制数转换为十进制，然后再对符号进行处理，名称改为"1"。 然后点击【完成】，返回
5		再添加一个文本输出节点，增加"Group"和"Tab"，更改"Label"和"Name"

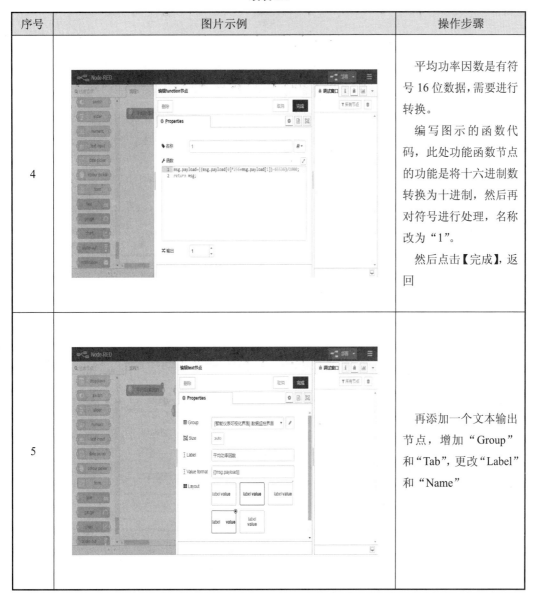

上面的步骤完整地演示了对智能电力仪表的一个寄存器（197，平均功率因数）进行 Modbus 读取的通信配置、数据处理和文本显示的流程，并对所涉及的节点配置情况进行了详细讲解。

为了能够在 Node-RED 上展示更为丰富的智能仪表检测数据，为系统运行状态提供更多参考信息，可以按照上述步骤进行其他寄存器读取和处理操作，见表 8.6。本项目将对如下寄存器进行进一步的读取和相关操作，详细步骤在此不再赘述。

表 8.6　智能仪表参数指标与处理

参数指标	寄存器地址	函数功能节点处理方法	显示节点类型
总累计有功功率	204	msg.payload=(msg.payload[0]*256+msg.payload[1])/1000; return msg;	文本输出节点
总累计无功功率	212		
总累计视在功率	220		
总累计再生有功功率	228		
总瞬时有功功率	244	msg.payload=(msg.payload[0]*256+msg.payload[1]-65536)/1000; return msg;	
总瞬时无功功率	252	msg.payload=(msg.payload[0]*256+msg.payload[1])/1000; return msg;	
总瞬时视在功率	260		
电压 U1	262	msg.payload=(msg.payload[0]*256+msg.payload[1])/100; return msg;	折线图节点
平均电压	268		
电流 I1	278	msg.payload=(msg.payload[0]*256+msg.payload[1])/1000; return msg;	
平均电流	286		文本输出节点
温度	418	msg.payload=(msg.payload[0]*256+msg.payload[1])/10; return msg;	折线图节点

将各节点拖放及配置后，将各个对应节点连线，完整的智能仪表数据采集程序如图 8.5 所示。

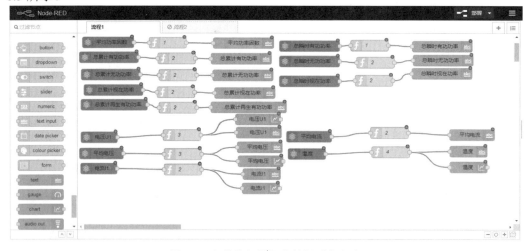

图 8.5　完整的智能仪表数据采集程序

8.4.4　关联程序设计

智能电力仪表作为智能网关数据采集的对象，需要先根据项目任务进行必要的寄存器地址设计，由网关根据对应的寄存器地址进行程序的数据读取。与此相关的关联程序设计见表 8.7。

表 8.7 关联程序设计

序号	图片示例	操作步骤
1	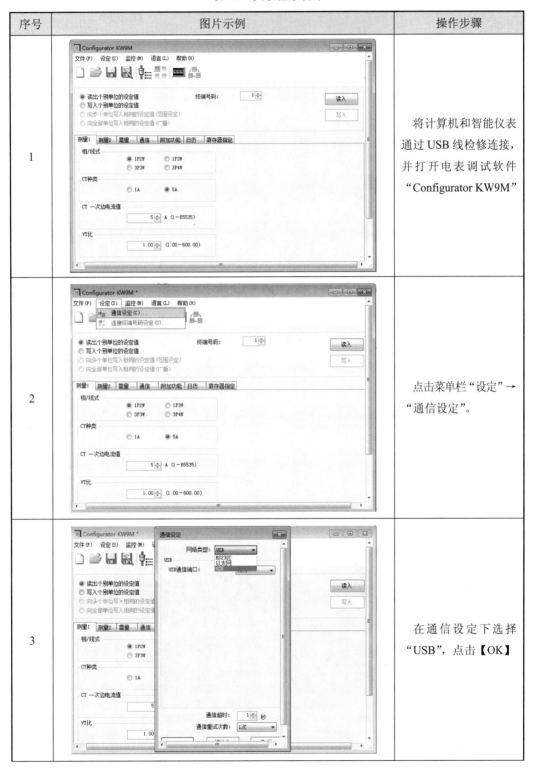	将计算机和智能仪表通过 USB 线检修连接，并打开电表调试软件"Configurator KW9M"
2		点击菜单栏"设定"→"通信设定"。
3		在通信设定下选择"USB"，点击【OK】

续表 8.7

序号	图片示例	操作步骤
4	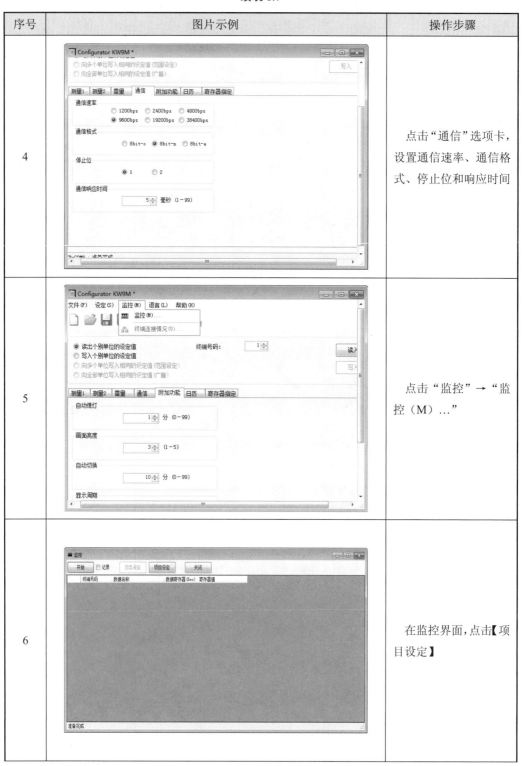	点击"通信"选项卡，设置通信速率、通信格式、停止位和响应时间
5		点击"监控"→"监控（M）…"
6		在监控界面，点击【项目设定】

续表 8.7

序号	图片示例	操作步骤
7		在项目设定界面，填写终端号码，即实际智能仪表的通信地址。然后选择 8.4.3 小节中需要监控的参数指标项，添加完成，点击【OK】
8		设置完成，返回监控界面
9		点击【开始】可看到对应的寄存器数据名称、数据寄存器地址和寄存器数值

8.4.5 项目程序调试

所有程序和设置进行检查确认后，进行程序下载部署，便可以进行调整与调试，项目程序调试见表8.8。

表 8.8　项目程序调试

序号	图片示例	操作步骤
1		部署完成会显示部署成功以及各节点的状态
2		Debug 调试信息区没有错误信息出现，说明程序无错误
3		打开 dashboard 可视化界面，可以正确显示所采集的寄存器的数值，但是界面还需要进一步优化调试

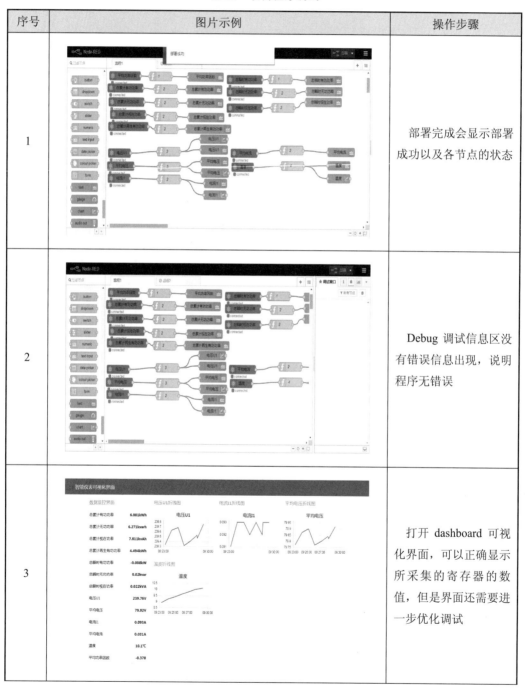

续表 8.8

序号	图片示例	操作步骤
4	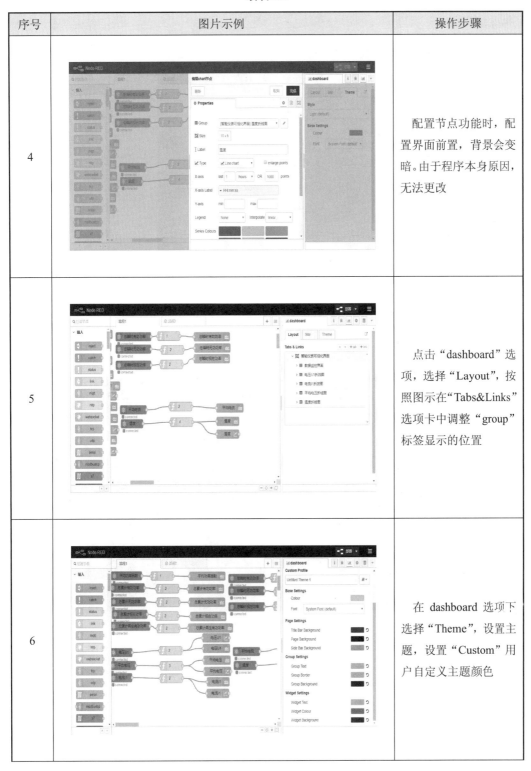	配置节点功能时，配置界面前置，背景会变暗。由于程序本身原因，无法更改
5		点击"dashboard"选项，选择"Layout"，按照图示在"Tabs&Links"选项卡中调整"group"标签显示的位置
6		在 dashboard 选项下选择"Theme"，设置主题，设置"Custom"用户自定义主题颜色

续表 8.8

序号	图片示例	操作步骤
7		点击"Deploy"进行程序部署，进入可视化界面即可看到优化后的程序界面

8.4.6 项目总体运行

项目总体运行状态如图 8.6 所示。在"智能仪表可视化界面"中，可以按照配置情况进行相应寄存器数值的文本显示和折线图历史数据显示，为智能仪表数据采集和可视化提供了可行的解决方案。

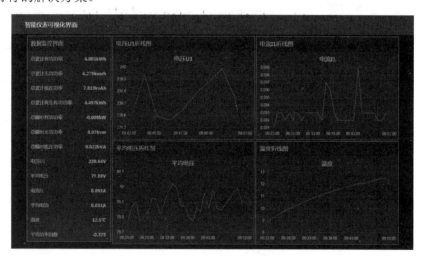

图 8.6 项目总体运行状态图

8.5 项目验证

8.5.1 效果验证

运行项目程序，检查智能仪表是否能正常读取设备用电信息，并能够在智能网关的可视化界面上能够对智能仪表各项数据进行显示。效果验证流程如图 8.7 所示。

第 8 章 智能网关与智能仪表的数据交互项目

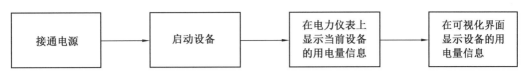

图 8.7 效果验证流程图

8.5.2 数据验证

数据验证主要对相关节点输出的变量数值与智能电力仪表的实际显示数值进行对比，以确保数据采集、数据处理的正确性。本小节将针对"总瞬时有功功率""总瞬时无功功率""总瞬时视在功率"三项数据进行验证。其他参数指标的验证，可以参照此步骤自行验证。

数据验证流程见表 8.9。

表 8.9 数据验证

序号	图片示例	操作步骤
1		拖放三个 debug 输出节点，对三个节点分别命名为"总瞬时有功功率""总瞬时无功功率""总瞬时视在功率"并将对应的节点连线
2		点击"Deploy"部署按钮，在 debug 调试区可以看到输出的节点的数据信息。 总视在功率：0.022 kVA 总瞬时无功功率：0.02 kvar 总瞬时有功功率：−0.008 kW

续表 8.9

序号	图片示例	操作步骤
3		在电表上,切换到相关参数显示界面,显示的总瞬时有功功率、总瞬时无功功率、总瞬时视在功率与智能网关采集的数据一致,表明数据通信和处理正确

8.6 项目总结

8.5.1 项目评价

项目评价表见表 8.10。通过对整个项目的练习,评价对智能网关与智能仪表进行数据交互过程的知识技能的掌握情况。

表 8.10 项目评价表

项目指标		分值	自评	互评	评分说明
项目分析	1. 硬件架构分析	6			
	2. 项目流程分析	6			
项目要点	1. 智能仪表	8			
	2. Modbus RTU 通信协议	8			
	3. Modbus RTU 通信节点	8			
项目步骤	1. 应用系统连接	9			
	2. 应用系统配置	9			
	3. 主体程序设计	9			
	4. 关联程序设计	9			
	5. 项目程序调试	9			
	6. 项目运行调试	9			
项目验证	1. 效果验证	5			
	2. 数据验证	5			
	合计	100			

8.6.2 项目拓展

KW9M 智能电力监控表可以用来测量电源的品质,能够测量总谐波、THD(总谐波失真)等参数,利用智能网关读取智能仪表的其他数据,反映电源品质。

第9章 智能网关与云平台的数据交互项目

9.1 项目目的

9.1.1 项目背景

※ 智能网关与云平台的数据交互项目目的

当前,以云计算、大数据、物联网等为代表的新一代信息技术蓬勃发展,正成为当今产业革命的新力量、经济转型的新引擎。

云计算将计算从用户终端集中到"云端",是基于互联网的计算模式。云计算在资源分布上包括"云"和"云终端"。"云"是互联网或大型服务器集群的一种比喻,由分布的互联网基础设(如网络设备、服务器、存储设备、安全设备等)构成,几乎所有的数据和应用软件都可以存储在"云"里;而"云终端",例如PC、手机、车载电子设备等,只需要拥有一个功能完备的浏览器,并安装一个简单的操作系统,通过网络接入"云",就可以轻松使用"云"中的资源。从本质上讲,云计算是指用户终端通过远程连接,获取存储、计算、数据库等计算资源。

随着现代化生产模式的快速发展,在经营生产过程中,对信息化、智能化的需求越来越迫切。大多数企业所使用的传统式信息化系统部署方式,导致系统资源无法共享,系统负载不均衡,整体资源利用率和能耗效率低。企业原有的服务器、数据库等信息基础设施标准化程度低、通用性差、运维成本高、安全性低,同时也存在扩容成本难以控制等缺点。云计算的出现和快速普及主要得益于多核处理器、虚拟化、分布式存储、宽带互联网和自动化管理等技术的发展,逐步推广对云计算的应用程度,可通过企业上云提升企业的整体信息化应用水平,从而够更有效地促进产业升级换代。

工业互联网智能网关通过全方位采集工业生产的各个环节的数据,依托云平台建立智能工厂管理系统的数据一体化管理平台,并进行智能逻辑判断、分析、挖掘、评估、预测、优化、协同等,从而为工业互联网设计提供完整的支撑整合服务。

9.1.2 项目目的

(1)了解云平台的基本知识。
(2)学习云平台的基本配置过程。
(3)掌握数据上云的操作过程。

9.1.3 项目内容

实现工业互联网的重要一步就是实现数据上云,各种智能网关或智能设备把生产过程数据经过采集筛选后,上传至云端才能并进行后续深入处理,以满足各种应用场景的需求。

本项目主要是利用 SIMATIC IOT2040 智能网关设备将采集到的伺服系统的数据上传到阿里云平台，从而使读者掌握本地数据上云的完整过程。

首先，在阿里云的物联网平台上创建产品、增加设备、配置云平台设备信息。

其次，在工业智能网关中配置 MQTT 节点，使用 MQTT 协议将数据上传到云平台。

最后，当用户按下开关按钮，伺服电机开始旋转，智能网关利用 S7 通信协议读取伺服系统对应的数据，通过 MQTT 节点将数据上传到云平台并展现出实时数据。

9.2 项目分析

9.2.1 项目构架

本项目是基于工业互联网智能网关与云平台的数据交互项目。使用计算机通过工业交换机与 SIMATIC IOT2040 智能网关模块进行连接，读取伺服系统项目的数据上传至云平台。项目构架图如图 9.1 所示。

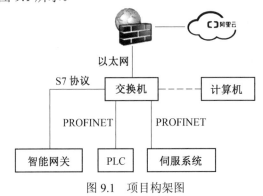

图 9.1 项目构架图

9.2.2 项目流程

本项目首先需要完成对伺服系统的数据本地采集，然后在工业智能网关中配置通信节点，将数据上传到阿里云平台。项目内容包括阿里云平台配置，Node-RED 程序设计，数据上传云平台和云端数据显示。具体项目流程如图 9.2 所示。

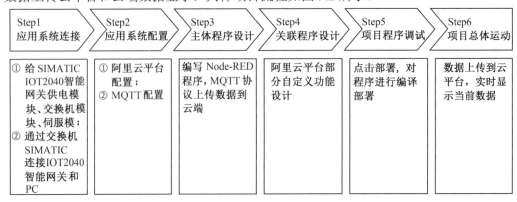

图 9.2 项目流程图

9.3 项目要点

9.3.1 云技术基础

※ 智能网关与云平台的数据交互项目要点

云计算平台也称为云平台，是指基于硬件资源和软件资源的服务，具备提供计算、网络和存储的能力。云计算平台在功能上可以划分为三类：以数据存储为主的存储型云平台，以数据处理为主的计算型云平台以及计算和数据存储处理兼顾的综合云计算平台。云计算平台的应用模式主要有软件即服务（SaaS）、平台即服务（PaaS）和基础设施即服务（IaaS）。

图 9.3　云平台的应用模式分类

1. IaaS 模式（基础设施即服务）

IaaS 是将虚拟机或者其他资源作为服务提供给用户。通过 IaaS 这种模式，用户可以从云供应商那里获得所需虚拟机或者存储等资源来进行后续部署和相关应用开发。而这些基础设施的管理工作将由 IaaS 提供商来处理。

2. PaaS 模式（平台即服务）

PaaS 是将一个开发平台作为服务提供给用户。通过 PaaS 这种模式，用户可以在一个包括 SDK（软件开发工具包）、文档和测试环境等在内的开发平台上方便地编写应用，而且不论是在部署还是在运行的时候，服务器、操作系统、网络和存储等资源都已经搭建好，这些管理工作由 PaaS 提供商负责处理。

3. SaaS 模式（软件即服务）

SaaS 是将应用软件作为服务提供给客户。通过 SaaS 这种模式，用户只要接上网络通过浏览器就能直接使用在云端上运行的应用，不需考虑安装等问题，并且免去初期高昂的软硬件投入。

目前，国内外具有大量的公司能够提供云平台服务，国外的如亚马逊、微软、IBM 等，国内的如阿里云、腾讯云、百度云、华为云等。各个厂商所提供的功能服务大体一致,但各自的面向对象、服务区域、服务领域等方面有所侧重。本章所采用的是阿里云平台。阿里云平台通过对其丰富的网络资源进行整合,拥有自己的数据中心,是国内云主机中的佼佼者,占据了大部分的市场份额,适合于大多数对象的应用需求。

9.3.2 MQTT 通信协议

MQTT 全称为 Message Queuing Telemetry Transport(消息队列遥测传输),是一种工作在 TCP/IP 协议上,是针对硬件性能较弱终端设备以及网络状况不佳的情况而设计的发布/订阅型消息协议。

MQTT 协议具有低开销、低带宽占用的特点,可以用极少的代码和带宽为连接远程设备提供实时可靠的消息服务。互联网的基础网络协议是 TCP/IP,MQTT 协议是基于 TCP/IP 协议栈而构建的,支持绝大多数的互联网云平台,因此能够与现有的互联网通信系统之间进行很好的兼容。基于上述特点,MQTT 协议在物联网通信应用中被广泛采用。

1. MQTT 协议实现方式

(1)三种身份。

实现 MQTT 协议需要客户端和服务器端共同来实现。客户端是以应用程序或设备的形式为载体,能够建立与服务器之间的网络连接。服务器可以接受来自客户的网络连接、接收客户发布的应用信息、处理来自客户端的订阅和退订请求、向订阅的客户转发应用程序消息。

在协议中约定了三种身份:发布者(Publish)、代理(Broker)(服务器)、订阅者(Subscribe)。其中,消息的发布者和订阅者都是客户端,消息代理是服务器。消息发布者也可以同时是其他消息的订阅者。

(2)消息特点。

MQTT 传输的消息分为:主题(Topic)和负载(Payload)两部分。Topic 可以理解为消息的类型,订阅者订阅某一消息后,就会收到该主题的负载(Payload)。Payload 可以理解为消息的内容,是指订阅者具体要使用的信息内容。

图 9.4 MQTT 协议实现方式

2. MQTT 协议中的会话、主题和订阅的概念

(1)会话。

每个客户端与服务器建立连接后就是一个会话,客户端和服务器之间有状态交互。会话存在于一个网络之间,也可能在客户端和服务器之间跨越多个连续的网络连接。

（2）主题。

主题是连接到一个应用程序消息的标签，该标签与服务器的订阅相匹配。服务器会将消息发送给订阅所匹配标签的每个客户端。服务器可使用主题筛选器进行多个主题的匹配。

（3）订阅。

订阅会与一个会话（Session）关联。一个会话可以包含多个订阅，任何一个订阅都有一个不同的主题筛选器。

3. MQTT 协议中的方法

MQTT 协议中定义了一些方法（也被称为动作），用于表示对确定的资源（服务器上的文件或输出，如预存数据或动态生成数据等）进行何种操作。

- Connect：等待与服务器建立连接。
- Disconnect：等待 MQTT 客户端完成所做的工作，并与服务器断开 TCP/IP 会话。
- Subscribe：等待完成订阅。
- UnSubscribe：等待服务器取消客户端的一个或多个 topics 订阅。
- Publish：MQTT 客户端发送消息请求，发送完成后返回应用程序线程。

9.4 项目步骤

9.4.1 应用系统连接

应用系统主要组成包括 SIMATIC IOT2040 ※ 智能网关与云平台的数据交互项目步骤
智能网关、西门子 S7-1200 PLC、西门子伺服系统、计算机、工业级交换机，通过以太网线完成系统连接，应用系统连接如图 9.5 所示。

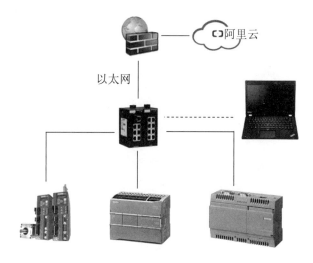

图 9.5　应用系统连接图

9.4.2 应用系统配置

智能网关要将所采集的数据上传到云平台，首先就需要对云平台和 MQTT 进行配置。用户可免费注册一个阿里云账号，登录阿里云官方网站（https://www.aliyun.com/），按照网页提示步骤进行注册。

图 9.6　阿里云用户注册

注册完成并实名认证后，需要开通物联网平台功能。开通物联网平台功能的具体操作步骤见表 9.1。

表 9.1　开通物联网平台功能的具体操作步骤

序号	图片示例	操作步骤
1		在完成实名认证后，选择页面左侧的"产品与服务"菜单

续表 9.1

序号	图片示例	操作步骤
2		在弹出的阿里云的各种产品服务列表中搜索"物联网平台"或直接下拉查找，然后点击进入
3		根据提示要求开通物联网平台产品，选择【立即开通】
4		同意服务协议，点击【立即开通】

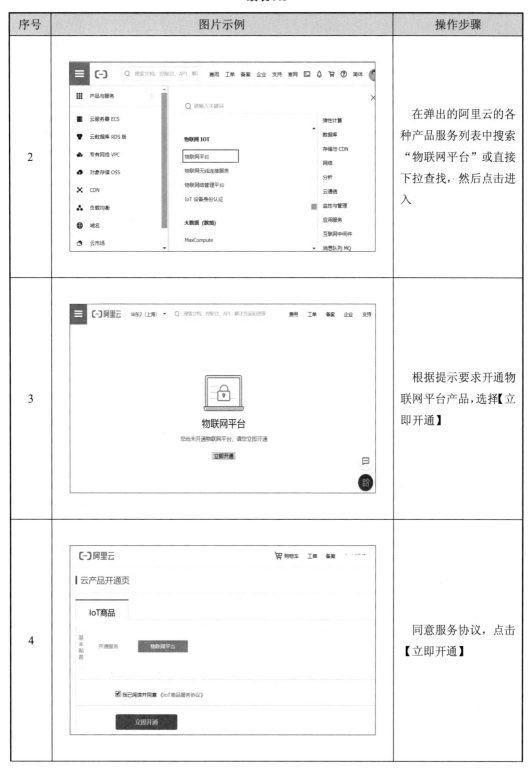

续表 9.1

序号	图片示例	操作步骤
5		开通完成后，可通过【管理控制台】按钮进入物联网平台的管理平台
6		在物联网平台管理平台能够查看所有的物联网平台的功能。后续的各项产品设备配置、结果查看等工作也主要在物联网平台页面内进行

使用物联网云平台的第一步是在云端创建产品和对应设备，产品相当于一类设备的集合，同一产品下的设备具有相同的功能，云端产品与设备的关系如图 9.7 所示。从而可以根据产品批量管理设备，如定义物模型、自定义 Topic 等。每个实际的设备需对应一个物联网平台设备。

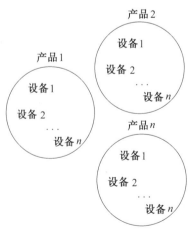

图 9.7　云端产品与设备的关系

具体按照如下操作步骤进行初始配置。

1. 云平台产品创建

云平台产品创建主要是在阿里云上创建一个产品对象，此处建立一个"Desk Training 教学平台"的产品，为产品定义"轴的速度"和"轴的位置"两个与伺服系统相关的采集参数的功能。

表 9.2　阿里云平台配置

序号	图片示例	操作步骤
1		打开浏览器进入阿里云平台
2		输入账号、密码，完成登陆
3		在左侧选择"物联网与云通信"→"物联网设备管理"，再点击【管理控制台】，进入物联网平台

续表 9.2

序号	图片示例	操作步骤
4		选择"设备管理"→"产品",选择【创建产品】
5		按照图示选择对应的模式,点击【保存】完成创建
6		创建完成产品后,点击本次创建的产品右侧的"查看",了解产品详情

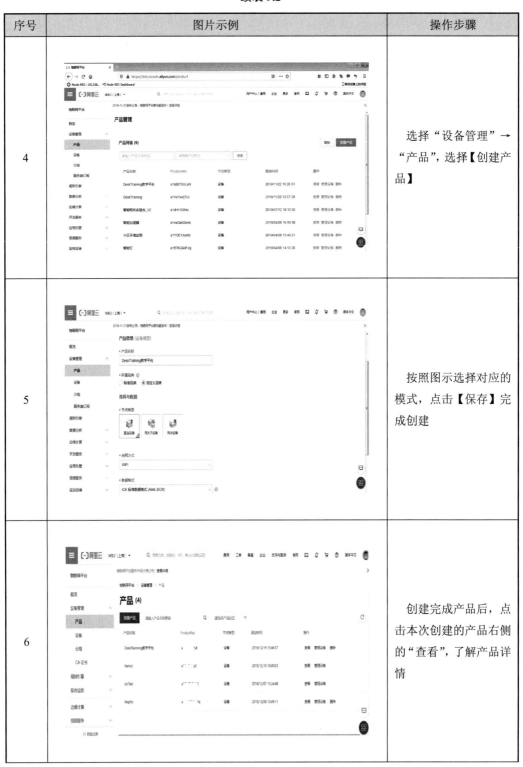

续表 9.2

序号	图片示例	操作步骤
7		在产品详情页，可以查看产品的"产品信息""Topic 类列表""功能定义"等功能选项卡
8		切换到"功能定义"选项卡，添加本项目中涉及的伺服系统相关数据类型。选择【自定义功能】→【添加自定义功能】
9		在此处添加"轴的速度"功能名称。数据类型、取值范围根据需求选择对应的类型和范围，步长不能为 0；单位可以选择；读写类型选择读写，描述内容根据需求填写。填写完成后，点击【确认】

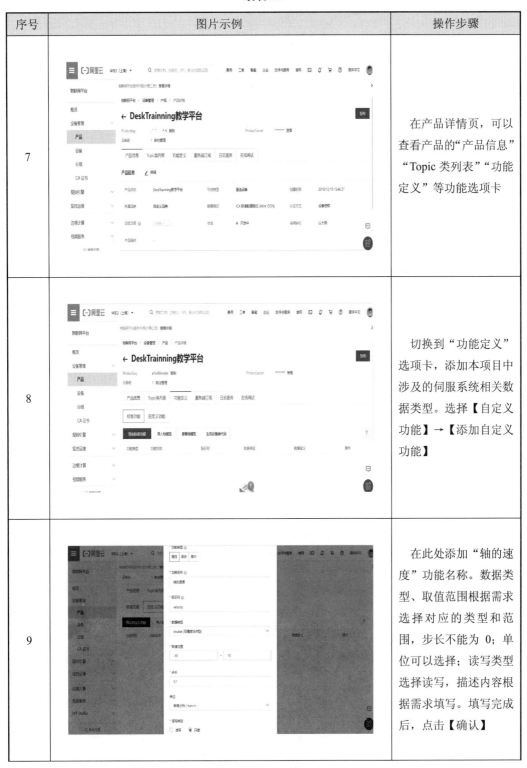

续表 9.2

序号	图片示例	操作步骤
10		按照同样的方法，创建新的自定义功能"轴的位置"，用来显示伺服电机轴的运动位置
11		完成产品功能定义后，点击右上方的【发布】，在弹出的"确认产品发布"对话框中依次确认并点击【发布】

2. 云产品设备添加

云产品创建完成后，需要在产品下创建设备集。此处创建 SIMATIC IOT2040 智能网关在云平台上关联的设备对象。云产品下设备添加操作步骤见表 9.3。

表 9.3 云产品下设备添加

序号	图片示例	操作步骤
1	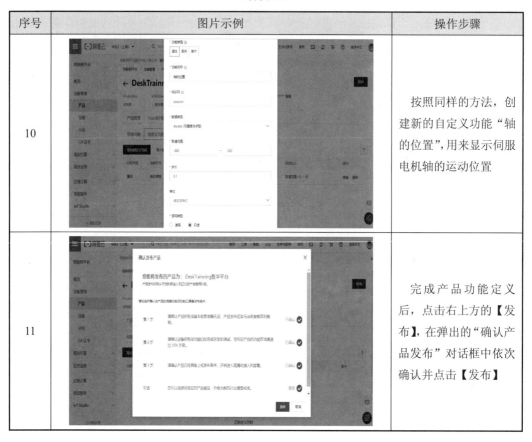	点击左侧"设备"，点击【添加设备】，选择上一步创建的产品，设置设备名称和备注后，点击【确认】

续表 9.3

序号	图片示例	操作步骤
2		在设备列表中,点击【查看】可以查看已创建的设备信息

3. 智能网关 MQTT 通信节点配置

在完成云端的基本配置后,就具备了接收物联网网关数据的条件。作为与云平台进行对接的智能网关,需要根据云端的物联网产品和设备配置情况,对实物设备的通信参数进行配置,以使客户端能够正确连接至云端代理。

在网关 MQTT 通信节点的配置过程中主要用到的信息包括:

(1)服务端。

服务端代表云端服务器的地址。阿里云规定其格式为:

$${YourProductKey}.iot-as-mqtt.${region}.aliyuncs.com

用户需要参照云平台的"设备详情"页面进行查询和替换(其中斜体部分是需要根据实际情况进行替换的)。本项目中替换结果为:

"a1******N.iot-as-mqtt.cn-shanghai.aliyuncs.com"

其中,"a1******N"为产品秘钥 ProductKey,用户需要查询自己页面的 ProductKey 进行替换;"cn-shanghai"为阿里云的服务器物理区域,在账号创建的时候,会有相关区域的选择,区域所对应的 ID 可以在其网站进行搜索和查询。

(2)端口。

MQTT 端口可选择为无加密的 1883 端口,其他端口及使用配置,读者可自行查阅和学习。

(3)客户端 ID。

填写 mqttClientId,用于 MQTT 的底层协议报文。固定格式为:

${clientId}|securemode=3,signmethod=hmacsha1|

其中,"${clientId}"为设备的 ID 信息,可取任意值,长度在 64 字符以内,用户可以自由定义。"securemode"为安全模式设置,可选择 TCP 直连模式(securemode=3)或 TLS 直连模式(securemode=2)。"signmethod"为算法类型,支持 hmacmd5 和 hmacsha1。

本项目示例中设置为:

$$12345|securemode=3,signmethod=hmacsha1|$$

(4)用户名和密码。

智能网关和云端连接,需要登录用户名和密码,以进行一对一匹配。

用户名由设备名 DeviceName、符号(&)和产品 ProductKey 组成。固定格式为:

$${YourDeviceName}\&\${YourPrductKey}$$

本项目示例中,根据所创建产品的信息详情,设置为:

$$gateway\&a1******N$$

密码的生成要根据 signmethod 的算法类型进行计算得出,为了用户使用方便,阿里云提供了密码生成小工具。用户在其网站搜索"Password 生成小工具",解压缩下载包后,双击 sign 文件,即可使用。在界面中,填写相关信息后,点击【Submit】后即可生成密码。

图 9.8 密码生成工具

在 SIMATIC IOT2040 智能网关的编程环境中,具有与 MQTT 相关的节点,可以直接进行 MQTT 通信配置,具体使用方法见表 9.4。

表 9.4 MQTT 节点通信配置

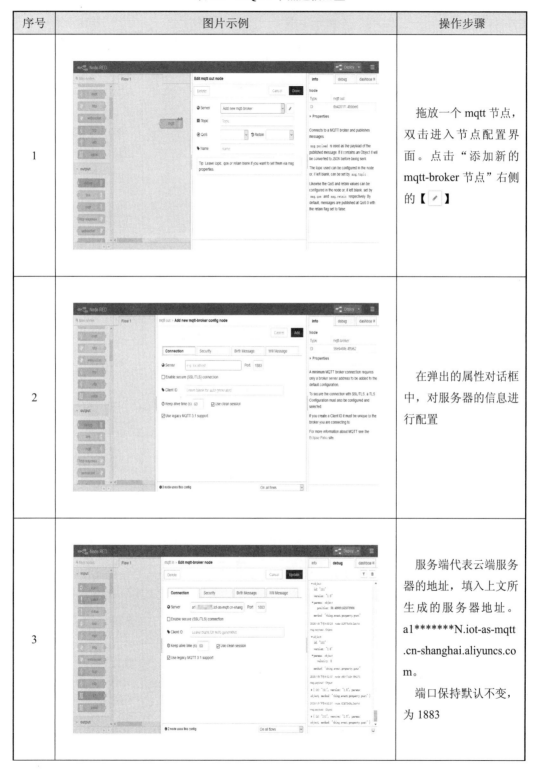

序号	图片示例	操作步骤
1		拖放一个 mqtt 节点，双击进入节点配置界面。点击"添加新的 mqtt-broker 节点"右侧的【✎】
2		在弹出的属性对话框中，对服务器的信息进行配置
3		服务端代表云端服务器的地址，填入上文所生成的服务器地址。a1*******N.iot-as-mqtt.cn-shanghai.aliyuncs.com。端口保持默认不变，为 1883

续表 9.4

序号	图片示例	操作步骤
4		客户端 ID 设置为：12345|securemode=3,signmethod=hmacsha1|
5		切换到"安全"选项卡，用户名设置为"gateway&a1******N"
6		密码处填写工具密码生成小工具所产生的密码。配置完成，点击【添加】

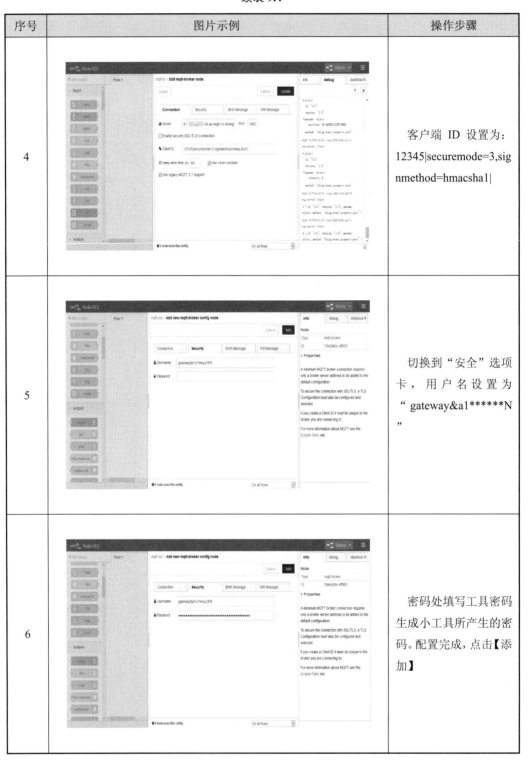

9.4.3 主体程序设计

主体程序主要是采集伺服的相关数据，并把数据通过 MQTT 节点进行上传。

主体程序设计见表 9.5。

表 9.5 主体程序设计

序号	图片示例	操作步骤
1	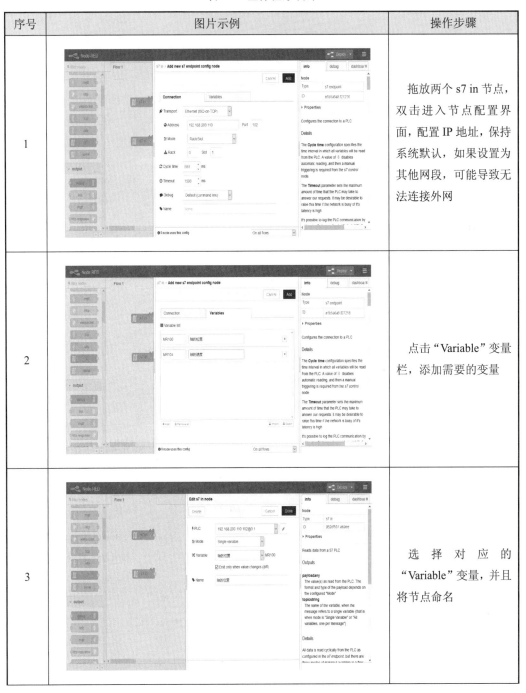	拖放两个 s7 in 节点，双击进入节点配置界面，配置 IP 地址，保持系统默认，如果设置为其他网段，可能导致无法连接外网
2		点击"Variable"变量栏，添加需要的变量
3		选择对应的"Variable"变量，并且将节点命名

续表 9.5

序号	图片示例	操作步骤

4	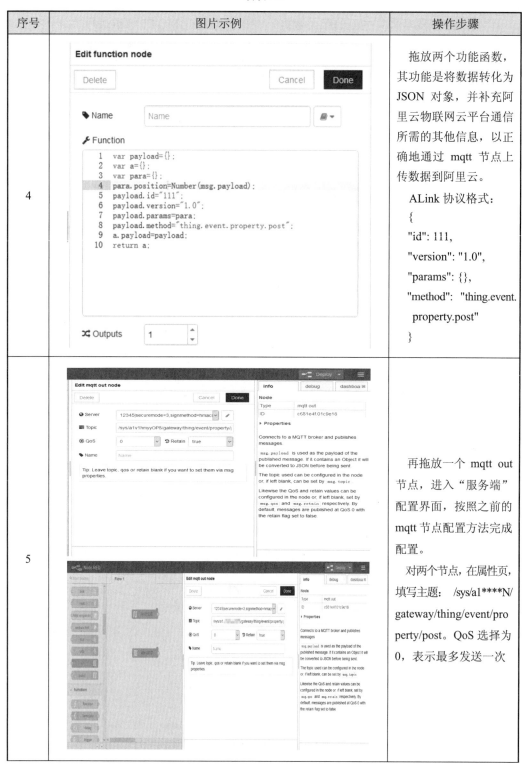	拖放两个功能函数，其功能是将数据转化为 JSON 对象，并补充阿里云物联网云平台通信所需的其他信息，以正确地通过 mqtt 节点上传数据到阿里云。
		ALink 协议格式：
		{
		"id": 111,
		"version": "1.0",
		"params": {},
		"method": "thing.event. property.post"
		}

5		再拖放一个 mqtt out 节点，进入"服务端"配置界面，按照之前的 mqtt 节点配置方法完成配置。 对两个节点，在属性页，填写主题：/sys/a1****N/gateway/thing/event/property/post。QoS 选择为 0，表示最多发送一次

第 9 章 智能网关与云平台的数据交互项目

续表 9.5

序号	图片示例	操作步骤
6	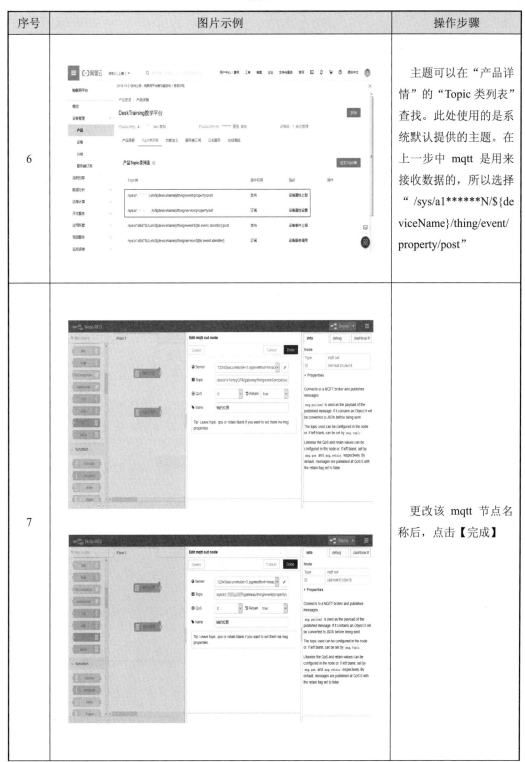	主题可以在"产品详情"的"Topic 类列表"查找。此处使用的是系统默认提供的主题。在上一步中 mqtt 是用来接收数据的,所以选择"/sys/a1******N/${deviceName}/thing/event/property/post"
7		更改该 mqtt 节点名称后,点击【完成】

续表 9.5

序号	图片示例	操作步骤
8	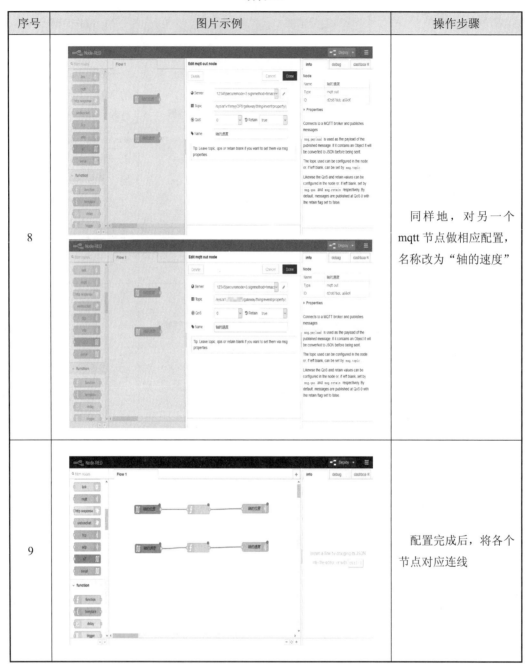	同样地，对另一个 mqtt 节点做相应配置，名称改为"轴的速度"
9		配置完成后，将各个节点对应连线

9.4.4 关联程序设计

关联程序包括对伺服系统的正确配置和 PLC 控制程序编写。PLC 根据外部按钮的启停信号，控制伺服电机进行正反转循环运动。具体操作过程及程序，可参照第 7 章进行设计和调试。

9.4.5 项目程序调试

首先完成本地硬件调试,确保按下启动按钮后,PLC 能够控制伺服系统进行正常运转,通过智能网关能够采集伺服系统的数据。

云端与本地联调,主要检查本地数据发送格式是否正确。项目程序调试见表 9.6。

表 9.6 项目程序调试

序号	图片示例	操作步骤
1		完成连线,点击 "Deploy" 部署。如果正确配置,那么此时 mqtt 节点应该为绿色,且提示 "connected"。在阿里云物联网云平台的 "设备管理"→ "设备" 应该能够看到设备状态为 "在线"
2		如果发现不能连接,要确认 mqtt 节点的配置正确与否。如果正常显示 "在线",但是不能读取数据到云平台,可以拖放两个 debug 节点,并连线。检测发送的数据格式是否正确
3		在右侧的调试窗口中,检查发送到云端的数据格式是否正确

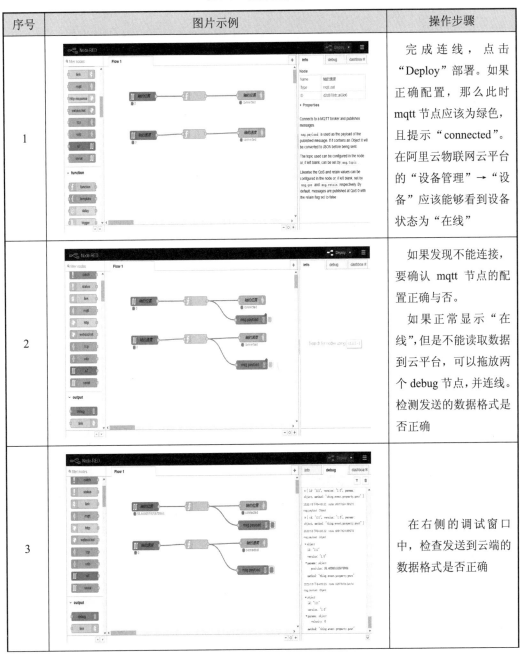

续表 9.6

序号	图片示例	操作步骤
4	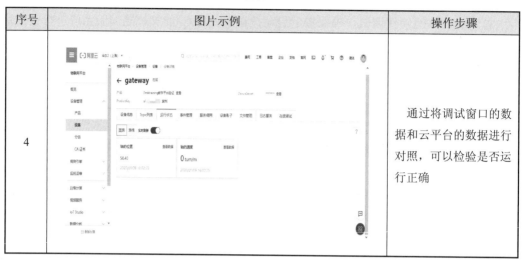	通过将调试窗口的数据和云平台的数据进行对照，可以检验是否运行正确

9.4.6 项目总体运行

用户通过按钮对伺服系统进行启停控制，智能网关通过 PLC 采集伺服的运行数据，通过 MQTT 节点将数据传输至云端。在云端能够对伺服系统运行数据进行更新显示，如图 9.9 所示。

图 9.9 云端数据显示

9.5 项目验证

9.5.1 效果验证

按下启动按钮，运行项目程序，检查各个功能按钮是否能够正常控制伺服系统，并在云平台界面上能够对伺服系统的状态进行显示。效果验证流程如图 9.10 所示。

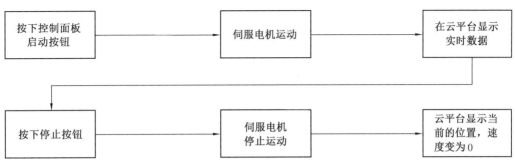

图 9.10　效果验证流程图

9.5.2　数据验证

数据验证主要对相关节点输出的变量情况进行查看，通过云端与本地数据的对照，进行数据上云的准确性、时效性验证。

9.6　项目总结

9.6.1　项目评价

项目评价表见表 9.7。通过对整个项目的练习，评价对智能网关数据上云过程的知识技能的掌握情况。

表 9.7　项目评价表

项目指标		分值	自评	互评	评分说明
项目分析	1. 硬件架构分析	6			
	2. 项目流程分析	6			
项目要点	1. 云平台基础	8			
	2. MQTT 通信协议	8			
	3. MQTT 通信节点	8			
项目步骤	1. 应用系统连接	9			
	2. 应用系统配置	9			
	3. 主体程序设计	9			
	4. 关联程序设计	9			
	5. 项目程序调试	9			
	6. 项目运行调试	9			
项目验证	1. 效果验证	5			
	2. 数据验证	5			
合计		100			

9.6.2　项目拓展

本项目只是将数据上传到云平台，实现了数据实时变化的云端存储。数据上传到云平台后可以对数据进行处理操作，对数据进行可视化编程，实现可视化界面。具体内容和操作需要用户去拓展。

参考文献

[1] 夏志杰. 工业互联网：体系与技术[M]. 北京：机械工业出版社，2018.

[2] 魏毅寅，柴旭东. 工业互联网：技术与实践[M]. 北京：电子工业出版社，2017.

[3] 美国通用电气公司（GE）. 工业互联网：打破智慧与机器的边界[M]. 北京：机械工业出版社，2015.

[4] 腾讯研究院. 互联网+制造：迈向中国制造2025[M]. 北京：电子工业出版社，2017.

[5] 工业互联网产业联盟. 工业互联网体系架构（1.0版）[R]. 工业互联网产业联盟，2016.

[6] 工业互联网产业联盟. 工业互联网平台白皮书（2017）[R]. 工业互联网产业联盟，2017.

[7] 工业互联网产业联盟. 工业互联网平台白皮书（2019）[R]. 工业互联网产业联盟，2019.

[8] 工业互联网产业联盟. 工业互联网垂直行应用报告（2019版）[R]. 工业互联网产业联盟，2019.

[9] 工业互联网产业联盟. 2018年工业互联网案例汇编[G]. 工业互联网产业联盟，2018.

观看教学视频

步骤一
登录"技皆知网"
www.jijiezhi.com

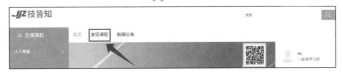

步骤二
搜索教程对应课程

咨询与反馈

尊敬的读者：

　　感谢您选用我们的教程！

　　本书有丰富的配套教学资源，凡使用本书作为教程的教师可咨询有关实训装备事宜。在使用过程中，如有任何疑问或建议，可通过电子邮箱（market@jijiezhi.com）或扫描右侧二维码，提交咨询信息。

（书籍购买及反馈表）

加入**产教融合**
《应用型人才终身学习计划》

—— 越来越多的**企业**加入

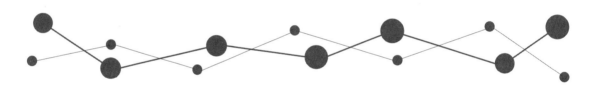

—— 越来越多的**工程师**加入

收获：
- 获得主编席位
- 收获广大读者
- 成为产教融合专家
- 成为行业高技能人才

加入产教融合《应用型人才终身学习计划》
网上购书：www.jijiezhi.com